薄互层低渗透油藏渗流机理与开发技术

陆建峰 郭红霞 靳广兴 著

吉林科学技术出版社

图书在版编目(CIP)数据

薄互层低渗透油藏渗流机理与开发技术 / 陆建峰，郭红霞，靳广兴著. 长春：吉林科学技术出版社，2022.9

ISBN 978-7-5578-9807-6

Ⅰ. ①薄… Ⅱ. ①陆… ②郭… ③靳… Ⅲ. ①薄互层—低渗透油气藏—油田开发 Ⅳ. ①TE348

中国版本图书馆 CIP 数据核字(2022)第 179519 号

薄互层低渗透油藏渗流机理与开发技术

著	陆建峰　郭红霞　靳广兴
出 版 人	宛　霞
责任编辑	刘　畅
封面设计	李若冰
制　　版	北京星月纬图文化传播有限责任公司
幅面尺寸	170mm×240mm
字　　数	205 千字
印　　张	12
印　　数	1-1500 册
版　　次	2022年9月第1版
印　　次	2023年3月第1次印刷

出　　版	吉林科学技术出版社
发　　行	吉林科学技术出版社
地　　址	长春市福祉大路5788号
邮　　编	130118
发行部电话/传真	0431-81629529 81629530 81629531
	81629532 81629533 81629534
储运部电话	0431-86059116
编辑部电话	0431-81629518
印　　刷	三河市嵩川印刷有限公司

书　　号	ISBN 978-7-5578-9807-6
定　　价	90.00元

作者简介

陆建峰，男，汉族，1963年9月出生，河南开封人，1986年本科毕业于江汉石油学院石油地质专业，1998年硕士毕业于中国地质大学石油与天然气工程专业，现任西安锦江能源科技有限公司总经理，高级工程师。主要研究方向：油气田开发、三维地质建模。从事油气田开发研究工作30余年，其间获得省部级科技进步奖二等奖2项、市级科技进步奖二等奖6项；发表专业论文10余篇，主持局级课题多项。

郭红霞，女，汉族，1971年2月出生，河南濮阳人，1993年本科毕业于西北大学石油与天然气开发专业，2004年硕士毕业于中国石油大学矿产普查与勘探专业，现任西安锦江能源科技有限公司总地质师，教授级高级工程师。主要研究方向：油气田开发、油藏数值模拟。从事油气田开发研究工作近30年，其间获得国家级科技进步奖二等奖1项、省部级科技进步奖二等奖2项、市级科技进步三等奖5项；发表专业论文20余篇，主持局级课题多项。

靳广兴，男，汉族，1961年10月出生，河南濮阳人，1984年本科毕业于中国地质大学地质专业，2003年博士毕业于中国地质大学能源地质工程专业，现任西安锦江能源科技有限公司总工程师，教授级高级工程师。主要研究方向：油气田开发、沉积研究。从事油气田开发研究工作30余年，其间获得省部级科技进步奖二等奖4项、市级科技进步奖二等奖10项；发表专业论文20余篇，主持局级课题多项。

前　　言

低渗透油田地质条件极其复杂,开采难度很大,客观需要技术投资较多与经济效益之间的矛盾十分突出,特别是薄互层低渗透油藏的开发更是如此。因此,深入认识低渗透油田的地质特点和渗流机理、提高开采速度和采收率、改善开发效果和经济效益至关重要。

基于此,本书以"薄互层低渗透油藏渗流机理与开发技术"为选题,在内容编排上共设置六章,第一章是薄互层低渗透油藏概论,在内容上涵盖薄互层低渗透油藏的分类与形成条件、薄互层低渗透油藏的储层特性、薄互层低渗透油藏的地应力与裂缝特征;第二章围绕薄互层低渗透储层微观渗流、薄互层低渗透油藏相渗规律、薄互层低渗透油藏径向水射流渗流机理展开论述;第三章研究薄互层低渗透油层损害及保护技术,内容囊括薄互层低渗透油层损害及预防、薄互层低渗透油层损害的专家系统及诊断技术、薄互层低渗透油层损害预防与解堵技术;第四章基于薄互层低渗透油藏的压裂与开采视角,探究薄互层低渗透油田酸化工艺技术与优化、薄互层低渗透油藏开采工艺配套技术、薄互层低渗透油藏 CO_2 气驱开发应用;第五章对薄互层低渗透油藏开发方式、薄互层低渗透油藏弹性开发方式、薄互层低渗透油藏人工补充能量开发方式进行深入分析;第六章研究水平井压裂优化开发技术、仿水平井压裂优化开发技术、薄互层井网压裂优化开发技术。

本书体系完整、视野开阔、层次清晰,借助通俗易懂的语言、系统明了的结构,全面地介绍了薄互层低渗透油藏渗流机理与开发技术,力图使本书具有基础性、实用性、可读性,最大限度地避免言不切实、空泛议论的素材堆积。

本书在编写过程中参考和借鉴了许多学者的相关文献和资料,在此表示衷心的感谢。由于笔者水平的限制和出版时间的仓促,书中不免出现一些纰漏,在此恳请专家和读者指正,以便我们今后做得更好。

目　录

第一章　薄互层低渗透油藏概论

第一节　薄互层低渗透油藏的分类与形成条件

一、薄互层低渗透油藏的分类

低渗透储层分类的目的在于综合认识油层内部的结构特征,为合理开发和提高最终采收率提供科学依据。在低渗透储层的综合分类评价中,主要选择四项参数为分类标准:①油层的微观结构参数。油层的微观结构参数以反映流动半径、描述孔隙几何结构、退汞效率、孔喉以及与采收率有关的参数为主要选择对象,以简化分类中的参数。②驱动压差和排驱压力。驱动压差和排驱压力是量度储集层有效流动特征的最低压力,特别是和采收率有关的驱动压力。不同结构的油层虽有相同的采收率,但驱动压力不同。③储集层的比表面积。储集层的比表面积是油层孔隙度和渗透率的函数,它能全面反映储集层的性质——比表面小,储集性好;比表面大,储集性差。④相对分选系数和变异系数。相对分选系数和变异系数是同质异名参数,它和标准差(σ)、分选系数(S_p)都是表示孔喉分选的。

基于上述分类标准,可以把我国低渗透油层的储集层分为以下六大类:

(一)Ⅰ类:一般低渗透层

我国低渗透油层中属于一般低渗透层的有:丘陵油田陵 2＋3 井区($K = 20.16 \times 10^{-3} \mu m^2$)、老君庙 M_2($K = 14.4 \times 10^{-3} \mu m^2$)、枣园油田孔二段($K = 40.5 \times 10^{-3} \mu m^2$)、马西深层板 Ⅱ ＋ Ⅲ 油层组($K = 13.58 \times 10^{-3} \mu m^2$)、文留油田沙二中盐间层($K = 19.2 \times 10^{-3} \mu m^2$)、牛庄油田沙三下($K = 29.16 \times 10^{-3} \mu m^2$)、朝阳沟油田扶余油层($K = 12.67 \times 10^{-3} \mu m^2$)、新立油田葡萄花油层($K = 25.57 \times 10^{-3} \mu m^2$)。此类油层性质亲水,平均驱油效率为 55.43%,属低渗透油层中驱油效率最高的油层。一般低渗透层的

主要特征如下：

第一，主流半径较小，孔隙几何因子为 0.82，孔喉配位低，属中孔、中细喉组合的油层。

第二，驱动压力低，难度指数为 25.975；流动能力较差，开采较为容易。

第三，退汞效率中（35%～41%），均质系数很差，驱油效率较高。

第四，中低渗和一般低渗层，是以 $K=50\times10^{-3}\mu m^2$ 分界的。当油层的渗透率低于 $40\times10^{-3}\mu m^2$ 时，无论无水采收率还是最终采收率，都是随渗透率的降低而降低，引起不同变化的渗透率约为 $(20\sim40)\times10^{-3}\mu m^2$。

（二）Ⅱ类：特低渗透层

我国低渗透油层中属于特低渗透层的有：克拉玛依下乌尔禾组（$K=1.73\times10^{-3}\mu m^2$）、彩南油田西山窑组（$K=2.815\times10^{-3}\mu m^2$）、火烧山平地泉组平三段（$K=9.28\times10^{-3}\mu m^2$）、丘陵油田西山窑组（$K=4.87\times10^{-3}\mu m^2$）、鄯善油田三间房组（$K=5.32\times10^{-3}\mu m^2$）、西山窑组（$K=1.73\times10^{-3}\mu m^2$）、老君庙 M_3 油层（$K=6.3\times10^{-3}\mu m^2$）、枣园油田孔二段 Ⅳ油层组（$K=7.0\times10^{-3}\mu m^2$）、马西深层板Ⅱ油层组（$K=6.0\times10^{-3}\mu m^2$）、牛庄油田沙三中（$K=7.1\times10^{-3}\mu m^2$）、渤南油田沙三5至沙三9油层（$K=4.4\times10^{-3}\mu m^2$）、榆树林油田扶余油层和杨大成子油层（$K$ 分别为 $3.40\times10^{-3}\mu m^2$ 和 $2.71\times10^{-3}\mu m^2$）、新民油田扶余油层（$K=8.5\times10^{-3}\mu m^2$）、安塞油田长 6^1 油层（$K=2.46\times10^{-3}\mu m^2$）。此类油层性质中-弱亲水，水驱油效率为 50.90%。特低渗透层的主要特征如下：

第一，平均主流半径小（$1.5309\mu m$），孔隙几何较前者为差，相对分选系数好，孔喉配位低（3～2），属于中孔微喉、细喉组合的油层。

第二，驱动压力大（3～10MPa），难度指数大，流动能力差，比表面大，储渗参数低（20.59），不易开采。

第三，微孔占 32.77%，退汞效率低，孔喉屏蔽作用强，孔隙滞留多，水驱效率中等。

一般情况下，低渗透层和特低渗层是以 $K=10\times10^{-3}\mu m^2$ 分界的，这个界限和国内各家的分界一致。

（三）Ⅲ类：超低渗透层

我国低渗透油层中属于超低渗透层的有：火烧山平地泉平二段、鄯善油田 J_2x 部分油层。此类油层性质亲水，水驱油效率为 39.53%。超低渗透层的主要特征如下：

第一，平均主流半径小于 $1.5\mu m$，孔隙几何差，相对分选系数好，孔喉配位在 2 左右，属小孔细微喉组合。

第二，驱动压力大（$10.0\sim16.0$MPa），流动性差，开采难度大，比表面积大，吸附滞留多，水驱油效率低。

（四）Ⅳ类：致密层（非有效厚度层）

我国低渗透油层中属于致密层的有：高尚堡高参一井沙三 5 层段、克拉玛依下乌尔禾组 8006 井扇端、Jw_4 井扇缘层、平地泉油层平二段中的细砂岩与粉砂岩层。此类油层性质表面亲水，水驱油效率低，为 36.52%。

超低渗透油层与致密层以 $K=0.1\times10^{-3}\mu m^2$ 为分界指标，这个分界的特征参数均较其他分界参数更为突出，差异更为明显。排驱压力、G 值均大于 5。驱动压力大于 16MPa 是油层有效厚度的下限（但如果储气的话，仍然是比较好的气层），在国际 CD 和国内的分界性也很强。

（五）Ⅴ类：非常致密层和超致密层

我国低渗透油层中属于非常致密层和超致密层的有：高尚堡高参一井沙二 5^1 组。非常致密层和超致密层的中值压力高、汞饱和度低（30% 左右）、驱动压力大于 28MPa，是非常差的储集层，是油层的盖层、气的储层。

（六）Ⅵ类：裂隙-孔隙层

裂隙-孔隙层在我国的高尚堡高参 1 井沙三 5 和彩南 J_2x 中有少量样品。裂隙-孔隙层的主要特征如下：

第一，测试样品上有肉眼看不出的微裂缝，岩性非常致密。

第二，具裂隙的岩心，水驱油效率低。

第三，毛细管压力曲线上存在一个或多个台阶段的曲线段，这些曲线段平坦部分平行于横坐标轴。排驱压力低于同类岩性的样品。

第四，孔隙度低（$4\%\sim7\%$），渗透率有高也有低，但均较同类样品为高；渗透率范围变化大。

这样的储集层在安塞、克拉玛依等油田的地层中可能存在，目前尚未单独划分出来。裂隙-孔隙型油层的上下界限很难划分，它们中的不确定因素很多，是致密和特低渗透层中的特殊类型。

二、薄互层低渗透油藏的形成条件

我国现已发现的低渗透油田遍及古生界、中生界和新生界。与中高渗透层相比,低渗透层处于同一沉积环境(如湖盆)中,但其有特殊的形成条件。低渗透油藏先天的物质条件是:近源沉积的颗粒混杂、分选差;远源沉积的颗粒细,泥质含量高;矿物成熟度低。低渗透油藏后天的物质条件是:成岩压实作用强,伴有裂隙,出现双重孔隙带;孔隙个体小、喉道细、微孔多、含水高。

我国低渗透油层形成于山麓冲积扇-水下扇三角洲沉积体系和浊积扇沉积体系,有砾岩油层、砾状砂岩(或含砾砂岩)油层、砂岩(粗、中、细砂岩)和粉砂岩油层四种岩石类别。

(一)近源沉积

近源沉积形成的低渗透油层,粒级分布范围宽,颗粒混杂,分选差。

1. 近源、山麓冲积扇-水下扇三角洲沉积体系

在近源、山麓冲积扇-水下扇三角洲沉积体系中,山麓冲积扇形成的砾岩油层(克拉玛依下乌尔禾组)、冲积扇-辫状河形成的砾状砂岩(含砾砂岩)或砂岩油层(彩南油田三工河、西山窑组,丘陵油田三间房、西山窑组等),在C-M图(图 1-1[①])中,依次处于NO、OP、PQ、QR段内,RS段极不发育。

2. 近源密度流沉积体系

密度流(或碎屑流)沉积是冲积扇体系中的一个重要组成部分,在河流出口地段、事件性的沉积中,容易发生高能量密度流形成的油层。我国的克拉玛依砾岩油层、部善油田三间房组砾状砂岩油层、马岭油田岭 3 井油层内有高能量的密度流沉积。老君庙 M_3 油层是近物源的低密度洪流沉积,M_1 油层是高密度洪流沉积。尕斯库勒油田跃 42 井 E_3^1 油层段内的高能量密度流代表了这类油层的沉积特点,它们在 C-M 图上是平行于 C=M 基线的一个宽的分布带,但距 C=M 线较远,它的外缘线离开正常 C-M 线的 QR

---

① 李道轩. 薄互层低渗透油藏开发技术[M]. 东营:中国石油大学出版社,2007: 14.

线段,内缘线在 QR 段内,而不同于布尔的泥石流沉积。

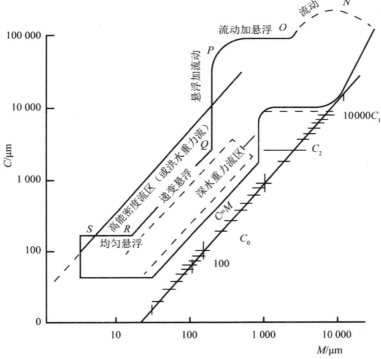

图 1-1　陆相碎屑低渗透砂岩油层粒度的 C-M 图

(二)近源深水重力流和远源沉积物

近源深水重力流和远源沉积物形成的低渗透油层,颗粒细、泥质含量高。

1.近源深水重力流沉积

近源深水重力流沉积形成的低渗透油层处于断陷盆地深渊陡坡一侧水域,容易发生密度流沉积(或浊流),规模大者称为浊积扇。深水重力流形成的油层,以细砂、粉砂岩为主,底部出现含砾砂岩。如马西深层板Ⅱ＋Ⅲ油组、牛庄油田沙三中下段油层、文留油田沙三中盐间层、渤南油田沙三 5～9 油层均属深水密度流沉积。此类油层在 C-M 图中,也是平行于 C＝M 基线的一个宽带,但和前者不同(图 1-1 中虚线带内),群点分布于 QR 段内。

2. 远源加近源、近沉积中心沉积

远源加近源、近沉积中心沉积形成的低渗透油层多属三角洲平原(分流平原),扇三角洲相中的分流河道、天然堤、决口扇、三角洲前缘席状砂。在事件性沉积中,有快速堆积的特点,可以有密度流或重力流沉积。粒度结构以细粒为主,并杂有残留水道粗粒沉积;矿物成熟度低,分选差,含泥量高。油层以细砂、粉砂岩为主,如朝阳沟油田、新民油田、新立油田、榆树林油田的扶余油层,安塞油田长 6^1 油层等。

与中高渗透油田(大庆油田)相比,低渗透油层的物质条件(粒度参数)具有分布范围广、不集中的特点(如中值、分选系数、偏态、峰态、跃移组分、跃移斜率、细截点等),而中、高渗透油层则相对较窄而集中——这就是低渗透油层的先天特征因素。

(三)矿物成熟度低

低渗透油层的矿物成熟度极低,西部以岩屑类砂岩为主,东部以长石类砂岩为主,间有特殊环境沉积的石英类砂岩。低渗透油层矿物成分的特点具体如下:

1. 岩屑

岩屑是一种易压、易变形组分,它的含量愈高,愈容易压实变为致密岩石,渗透率极低。

例如,克拉玛依下乌尔禾组的岩屑平均为 74.35%,长石平均为20.0%,石英平均为 4.92%;矿物成熟度为 0.052;油层的平均孔隙度为13.8%,平均渗透率为 $1.73\times10^{-3}\mu m^2$。丘陵油田西山窑组的岩屑平均为47.95%,长石平均为 25.16%,石英平均为 26.89%;矿物成熟度为 0.37;油层的平均孔隙度为 11.66%,平均渗透率为 $4.87\times10^{-3}\mu m^2$。[①] 显然,下乌尔禾组比丘陵油田西山窑组容易压实。

2. 长石

长石是一种易碎、易溶性组分,长石含量愈高,矿物的成熟度愈低,由于

---

① 李道轩.薄互层低渗透油藏开发技术[M].东营:中国石油大学出版社,2007:15.

长石的这种先天特性,它在形成低渗透油层中起着重要的作用。长石如被机械压实,则容易破碎,可减少孔隙体积;长石如被溶蚀,则能增加低渗透油层中的孔隙,改善油层的渗流通道。

我国油层中,长石含量最多的是安塞油田长 6^1 油层,其长石平均含量为 56.71％,岩屑平均含量为 19.77％,石英平均含量为 24.04％;矿物成熟度为 0.32;油层的平均孔隙度为 12.85％,平均渗透率为 $2.4 \times 10^{-3} \mu m^2$。油层孔隙以溶蚀孔为主:溶孔 29.3％、粒间孔 19.8％、微孔 50.8％。

3. 石英

石英是一种刚性体矿物,具有抗风化和难解难崩析的特征,它在油层中的多寡代表着矿物成熟度的程度。

我国油层中,石英含量最多的是马岭油田延 10 油层,石英平均含量为 98％。其次是老君庙 M 油层,石英平均含量为 68.33％,长石平均含量为 10.20％,岩屑平均含量为 21.47％(样品 560 块);矿物成熟度为 2.16;油层的平均孔隙度为 18.0％,平均渗透率为 $33.5 \times 10^{-3} \mu m^2$。

4. 胶结物

低渗透油层中的胶结物含量一般在 11.66％～25.26％,平均为 16.6％。其中黏土矿物 8.91％,化学沉淀胶结物(碳酸盐、硫酸盐、硅酸盐、沸石类)共计 7.69％。

(1)黏土矿物。黏土是油层砂粒间随机分散的一种无定形矿物,它在含有大量孔隙水的作用下,由微粒间的凝聚和集结而形成絮凝状胶体,并在其后的地质年代中改变相互间的原始状态,由原来杂乱无章的松散岩变为有序或有一定排列形式的固结岩。同时,黏土矿物在其他作用力的参与下(温度、压力、溶解、沉淀、交代)和颗粒之间产生一种亲和力——黏土矿物(或其他化学沉淀物)和砂粒间的胶结作用。在化学沉淀物的参与下,油层砂岩中的胶结作用基本上可分为五类,即孔隙型胶结、接触型胶结、薄膜型胶结、镶嵌胶结和基底胶结。另外,随着胶结物含量的不同及不均匀分布等,会出现多种过渡类型的胶结。孔隙型和薄膜型胶结类型是构成油层高含水的因素;接触型、镶嵌型胶结和成岩压实作用有关,也是降低孔渗的主要因素;基底胶结型很少,既可构成高含水,也可使渗透率极低。

低渗透油层中的黏土矿物主要为蒙脱石、混层矿物、伊利石、高岭石和绿泥石,这些矿物形成的黏土在油层注水开发中存在以下潜在危害:

一是水敏黏土存在的危害。油层中的水敏黏土主要为蒙脱石、无序及有序混层矿物(伊蒙混层、绿蒙混层)。低渗透油层中蒙脱石相对含量最多的为老君庙 M 油层(M_1 含量为 75.4%、M_2 为 54.3%、M_3 为 14.44%),平均相对含量为 53.02%;朝阳沟扶余油层的平均相对含量为 25.1%;枣园油田孔二段的平均相对含量为 6.42%。绿蒙混层以彩南油田相对含量最多,平均为 43.8%,其次为朝阳沟油田扶余油层,平均为 40.7%。由此可见,除个别油田外,低渗透油层中的水敏性矿物主要为混层黏土。混层矿物为膨胀层和非膨胀层沿 C 轴叠合而成,在油层注水开发中,它是次于蒙脱石的一种水敏性矿物和速敏矿物(膨胀边缘脱落)。在注水过程中,膨胀层遇水后产生膨胀而脱落,容易被水冲走,造成危害。

二是速敏黏土存在的危害。油层中的速敏黏土主要为高岭石和伊利石,而且是油层中分布最广的黏土矿物。高岭石在油层中的相对含量平均为 5.0%～59.44%(老君庙 M_3 油层);伊利石在油层中的平均相对含量为 4.07%～73.03%(文留油田沙三中)。高岭石基于它的晶间结合力弱,在流速下容易分离为叶片状晶体;伊利石的发丝状晶体易被流体冲断,这些冲碎的微粒矿物随水流动至狭窄的喉道处被阻,导致油层堵塞,注水量下降,产油量降低。为了解决这一问题,我国的油藏工程师们已经从长期的实践经验中总结出一套行之有效的注水工艺——在注水井中定期投加黏土防膨剂、黏土稳定剂、杀菌剂,以保持注水速度,达到持续稳产。

三是酸敏黏土存在的危害。油层中的酸敏黏土,主要为含铁的绿泥石及绿蒙混层。低渗透油层中绿泥石相对含量最多的为安塞油田长 6^1 油层(94.49%),其次为马西深层(48.5%～49.6%)和留西油田沙三油层(49.6%)。绿泥石是低渗透油层中一种主要的黏土矿物,在含有绿泥石的油层的酸化作业中,绿泥石的水镁石层失去 Mg^{2+}、Fe^{2+} 后会导致水镁石层解体,出现铁的络合物,而沉淀或蚀变的微粒也会发生运移而导致堵塞,因而要加适宜的缓蚀添加剂,以防止铁的沉淀和微粒迁移带来的危害。

(2)油层中的化学沉积物是减少孔隙和降低渗透率的重要因素。油层中的这种胶结物多时,渗透率一般均很低。例如,克拉玛依下乌尔禾组油层,沸石胶结物平均为 5.95%,渗透率平均为 $1.73 \times 10^{-3} \mu m^2$。

(四)成岩压实作用强

低渗透油层成岩压实作用强,岩性致密,伴有裂缝。成岩压实作用(机械压实和化学压实)是形成低渗透油层的后天因素,低渗透油层的成岩序列大致可以分为以下四个带：

1. 机械压实带

随着上覆沉积物的增加，地层静压力增大，岩石体积减小，孔隙度降低（一般降低 15%～20%），出现早期碳酸盐的胶结和交代，并伴随有石英颗粒两相界面的压溶和沉淀。

2. 次生溶孔发育带

低渗透油层中的有机物会由于黏土的脱水作用释放出有机酸，随着埋深的加大，这些有机酸被带入储集层内，溶解储集层中的易溶矿物，从而形成次生孔隙发育带。在这一带内，一方面由于溶解作用，孔隙度扩大了，另一方面由于地层水的硅酸浓度增加，沉淀出自生石英或加大胶结，会造成一些地区形成成岩圈闭带。在声波时差曲线上，显示出孔隙度起伏变化不大，或出现明显的曲线回升段。低渗透油层中的溶孔主要发生于这一带。

3. 化学压实带

埋深的继续加大使地温增加，特别是地温达 120～200℃ 之间时，由于热脱羧作用，水中的羧酸发生裂解，有机酸减少，产生的 CO_2 又会造成新的碳酸盐胶结，如铁方解石、铁白云石等，使已溶解扩大的孔隙重新被堵塞，形成致密砂岩（一般发生在晚成岩 C 期）。

4. 双重孔隙发育带

双重孔隙发育带一般出现在 4000m 以下的地层中。压实作用使岩石颗粒之间接触密度增加，由点、线接触变为凹凸接触，出现镶嵌胶结，岩石密度接近极限，岩石变得致密、性脆或砂泥之间的差异压实作用伴随一些构造作用，使已固结的岩石发生破裂，产生裂隙，导致了低渗透致密砂岩中的双重孔隙系统——这也拓宽了低渗砂岩的开发前景。但由于岩石的破裂作用，上述情况是在差异压实作用或构造作用力下产生的，因此可以出现在不同深度的地层内，如朝阳沟油田扶余油层中的裂隙（油层顶面埋深 520～1260m）、安塞油田长 6^1 油层中的裂隙（油层埋深 1000～1300m）等。

低渗透油层中的裂隙可分为构造裂隙和非构造裂隙：构造裂隙具一定方位性；非构造裂隙无一定的方向性。

（1）构造裂隙。低渗透油层中的构造裂隙系受印支运动、燕山运动、喜山运动叠加的地质应力,也即从印支运动进入一个新型应力场变形——左行剪切挤压应力场,到晚白垩世-始新世转变为右行剪切拉张应力和近东西向拉张应力场,在地层中必然会产生四组构造裂隙:近东西向、近南北向、近北东与南西向、近南东与北西向构造裂隙。

（2）非构造裂隙。低渗透油层中的非构造裂隙受岩性控制,它的随机性很大,如层间岩性裂隙、收缩裂隙、粒缘缝等。

第二节　薄互层低渗透油藏的储层特性

一、薄互层低渗透油藏储层的岩性特性

（一）粒度参数

1. 中值

粗粒低渗透层中,砾岩油层的中值为 10.0～1.5mm;砾状砂岩油层的最大中值为 1.02～0.59mm,最小中值为 0.29～0.04mm。细粒低渗透层的最大中值为 0.25～0.02mm,最小中值为 0.18～0.04mm。细砂、粉砂岩构成的低渗透层的最大中值为 0.20～0.15mm,最小中值为 0.15～0.02mm。在深水重力流油层中,中值为 0.21～0.07mm。而大庆中高渗透层油层的粒度中值为 0.250～0.176mm,最小中值为 0.125～0.016mm。

由此可见,中高渗透层的中值处于低渗透层粗粒及细粒油层中值之间的最好粒级范围内（0.250～0.016mm）。由于其细粒 GD 含量低,分选好,堵塞少,所以渗透率高。

2. 标准差

粒度的标准差（分选性）常被用作环境标志,一般认为冲积扇和粗粒沉积物分选最差,潮坪、河流砂分选性较好,风成砂分选性最好。

中、高渗透油层的分选范围窄（1.5～2.5）;而低渗层的分选范围宽（0.46～9.00）。这说明,中、高渗透层的优势颗粒分选好而集中,低渗透层的优势颗粒分选差而分散。

(二)矿物成分

油气储集层的岩石类型及其矿物成分,与母岩性质、风化强弱和搬运距离远近有关:来自富长石母岩区的沉积物,容易形成长石砂岩;来自高地、快速堆积的沉积物,容易形成岩屑砂岩;来自沉积岩、变质岩富石英的母岩区的沉积物,容易形成石英砂岩。一般而言,近物源区富含岩屑和长石,远高物源区,依次减少岩屑、长石,相对石英比较集中。低渗透油层的岩矿成分总体有三大岩类:西部岩屑为主,东部长石为主,间有特殊环境沉积的石英砂岩油层。

(三)岩石颗粒的形态与接触关系

1. 岩石颗粒的形态

颗粒形态是碎屑岩最显著的特征之一,它包括圆度、球度和形状三方面的内容,三者之中以圆度最为重要,它是岩矿工作者经常描述的主要内容。圆度是指颗粒的磨蚀程度,也是反映岩石颗粒结构成熟度的标志。其他两种只有在特殊要求下,才加以描述。

2. 岩石颗粒的接触关系

(1)岩石颗粒的接触方式。岩石颗粒的接触方式可分为:颗粒飘浮、颗粒呈点状接触、颗粒呈线接触、颗粒呈凹凸接触、颗粒呈缝合线接触。颗粒的接触方式取决于成岩历程,当沉积物埋藏之后,颗粒随着上覆压力的增加和温度变化呈由浮飘到点接触至线-凹凸接触的变化。深度与颗粒间的接触关系十分明显,砂岩油层成岩作用至晚成岩 C 期时,颗粒间呈缝合线接触,孔隙极少,相对地裂隙孔隙较为发育。

(2)颗粒趋近率。颗粒趋近率是指岩石颗粒的接近程度,其数值越大,岩石愈致密,空间孔隙越小。用公式表示为:

$$填集颗粒趋近率 = \frac{测线上所遇到的颗粒与颗粒接触点数}{所有类型接触点数} \times 100\%$$

$$(1-1)$$

式中的分母实际上是测线上遇到的颗粒总数,因为有一个颗粒就有一个接触点(包括颗粒与胶结物接触点)。

二、薄互层低渗透油藏储层的物性特性

(一)孔隙度

孔隙度是指在一定压差作用下,饱和于岩石孔隙中的流体流动时,与可动流体体积相当的那部分孔隙体积与岩石外表体积的比值(通常流动孔隙度是有效孔隙体积减去微毛细管孔隙体积后,与岩石外表体积的比值,用百分数表示;中高渗透率油气层微毛细管孔隙是指孔径小于 $0.2\mu m$ 的孔隙,低孔隙度低渗透率油气层微毛细管孔隙是指孔径小于 $0.144\mu m$ 的孔隙)。可动流体孔隙度与有效孔隙度的比值为可动流体百分数,简称可动流体。

(二)渗透率

岩石的渗透率只能说明流体在其中的流动能力,对于储集层而言,它仅仅反映了油气被采出的难易程度,并不反映岩石内流体的含量。低渗透储集层中的层内流体流动十分缓慢,短时间内可近似看作储集层渗透性接近于零,此时储集层好坏主要看流出流体总量(可动流体),单位时间通过的流体量成为次要因素。

(三)油水饱和度

1. 含油饱和度的一般情况

我国低渗透油藏储层的含油饱和度总体比较低,一般为 $55\%\sim60\%$,但各油田之间差别比较悬殊。含油饱和度最高的为文东油田盐间层,达到 72%;最低的为克拉玛依油田八区乌尔禾油藏,只有 45%,绝对值相差 27%。

现场生产资料常见到饱和度的高低随油层渗透率的大小而变化,如文东盐间层渗透率就比八区乌尔禾层高。但这不是严格规律,实际情况并不尽如此。例如,龙虎泡油田渗透率比文东盐间层高两倍,而含油饱和度仍比文东盐间层低。

含油饱和度的高低不只是受渗透率的影响,而是在地质历史时期中,油气运移的驱动力[油水密度差,油气运移的油(气)柱高度]、油层的毛细管阻力大小、油水界面张力、油层的润湿性等多种因素的影响结果。

2. 含油饱和度的影响因素

现在的含油饱和度是在油藏二次运移和聚积的漫长地质历史过程中形成的,储层含油饱和度的影响因素主要如下:

(1)浮力——油气运移聚积的驱动力。在地层条件下由于油(气)与水的密度差而产生的油(气)向上运移的力量称作浮力。浮力的大小取决于地下油(气)与水密度差和油(气)柱的高度。油(气)水密度差越大,油(气)柱越高,浮力就越大。当浮力等于毛细管阻力,二者达到平衡时,油(气)就被聚积起来,形成现在的油藏。因此,油藏中油水饱和度的分布就是阻力和浮力平衡的结果,其计算公式为:

$$2\delta\left(\frac{1}{r_t} - \frac{1}{r_p}\right) = H(\rho_w - \rho_o)g \qquad (1-2)$$

式中的右端就是浮力,可以进一步写成:

$$p_b = H\Delta\rho g = (\rho_w - \rho_o)Hg \qquad (1-3)$$

式中:p_b——油(气)的浮力;

ρ_w——地层水密度;

ρ_o——地层油(气)密度;

H——油(气)柱高度;

g——重力加速度。

从式中可以看出,油(气)浮力取决于油柱高度和油(气)水密度差。油(气)浮力越大,越有利于油(气)的运移、聚积和含油(气)饱和度的提高。

(2)毛细管力——油(气)运移过程中的阻力。碎屑岩储集层空间是由许多大小不等的细小喉道相连的孔隙组成的,这种孔隙喉道体系一般称为毛细管。通常情况下,地层为水所饱和,水是润湿相,地层表面性质是亲水的。油是后来向油藏储集层中运移的,是非润湿相。油与水互不相溶的结果是,在储集岩毛细管中形成一个界面。界面两侧承受的压力不同,当油驱替水时处在凹面的一侧,承受的压力大。水处在凸面的一侧,承受的压力小,这种压力差,就称为毛细管压力。毛细管阻力的公式为:

$$p_c = 2\sigma_{o/w}\left(\frac{1}{r_t} - \frac{1}{r_p}\right) \qquad (1-4)$$

式中:p_c——毛细管压力,N/m² 或 Pa;

$\sigma_{o/w}$——油水界面张力,N/m²;

r_t——岩石喉道半径,μm;

r_p——岩石孔隙半径,μm。

从式中可以看出,油(气)进入孔隙喉道,必须克服毛细管阻力。毛细管喉道半径越小(一般渗透率亦低),阻力越大,油(气)越难进入,因而含油饱和度越低。毛细管喉道半径越大,阻力越小,油越容易进入,含油饱和度越高。

(3)水动力。水动力可以是驱动力,也可以是阻力,这决定于地下水流动的方向。当水是向上倾方向流动,即与浮力方向一致的时候,就是驱动力,使油水浮力梯度增大,油可以进入更小的孔隙,提高岩石中的油饱和度。当水是向下倾方向流动,即与浮力方向相反的时候,增加阻力,抵消了部分浮力,使油(气)难以进入较小的孔隙,因而不利于油饱和度的提高。古时的地下水流动方向,特别是流动力量大小不易测的地带,在研究油饱和度中一般省略。

(4)构造作用力。构造作用力主要是指构造圈的封闭高度对油气聚积的影响,一般构造圈封闭高度越大,含油饱和度越高。但当构造发生抬升、沉降或断裂现象时,油(气)原来的饱和度会发生变化。

综上可以看出,含油饱和度是油层孔隙结构(主要体现为渗透率)、油柱高度和油水密度差等因素共同影响的结果。在其他条件近似的情况下,油层渗透率越高,含油饱和度也越高,含水饱和度就越低。在渗透率相近的条件下,油柱越高,油水密度越大,油层含油饱和度也越高,含水越低。

3. 含油饱和度的总体规律

(1)在渗透率相近的条件下,油层的油柱愈高,原始含水饱和度愈低;在油柱高度相近的条件下,渗透率愈高,原始含水饱和度愈低。

(2)含油饱和度高(>65%)的油田,原油密度小,渗透率相对较高,孔隙结构好,驱动力(浮力)较大,阻力较小,因而原油进入孔隙较多,饱和度较高。

(3)含油饱和度低(60%)的油田,原油密度大,渗透率低,孔隙结构差,驱动力(浮力)小,阻力大,油(气)进入孔隙少,因而饱和度低。

(4)在同一深度内,油柱高度相近,渗透率大的含油饱和度高,含水低,反之则差。

(5)在纵向不同深度内,渗透率相近的油柱高度不同,地层愈深,含水饱和度愈高。

上述规律具有普遍意义,即在同一油水界面上,渗透率高的含油饱和度高,反之则低;地层深度大的含水饱和度高,反之则低。这些规律符合油(气)二次运移的理论解释,如用毛细管压力曲线和相渗曲线确定油水分布时,在纵向上可以分为三个带:最上为纯油带;中间为理论过渡带和实际油水过渡带,只有在实际油水过渡带内,才油水同出;最下为含水带。

(四)物性的主要影响因素

低渗透油藏储层物性的影响因素有很多,诸如沉积环境和沉积相、岩石矿物成分、粒度大小和分选、岩石的胶结作用、黏土矿物和碳酸盐含量、岩石结构和成岩作用等。对低渗透储层来说,最主要的影响因素如下:

第一,快速堆集,颗粒混杂,矿物成熟度低,分选差。这是决定低渗透油层的先天条件。我国的克拉玛依油田下乌尔禾组油层,丘陵、鄯善油田,彩南油田西山窑油层组,就是在这种条件下形成的。

第二,颗粒大小。这是影响油层物性的基本因素。就一般油层而言,颗粒大而均匀,泥质少者,孔渗好,反之则差。由于各油层在沉积时的先决条件不同,所以同一级别的细砂岩,物性各异,但在一个地区总趋势是相同的。

第三,成岩压实和成岩胶结作用。这是形成低渗透油层的后天条件。低渗透油层本来是先天不足,岩屑、长石含量高,它们本来是易变形、易碎矿物,在上覆地层压力下柔性颗粒变形,刚性颗粒点接触变为线接触,使孔隙空间变小,渗滤通道变窄,形成低渗透油层。特别是油层中、晚期的白云石、铁白云石、石膏、沸石的粒状充填或交代,自生绿泥石和水云母充填或包围颗粒形成薄膜,正是它们的出现,使油层孔渗变得更低。

(五)孔隙度与渗透率的关系

就一般油层物理性质而言,孔隙度大的样品,其渗透率相对也大。孔隙度的变化范围较窄(<47.6%),而渗透率的变化范围较宽,相差数十倍,虽有许多文献资料报道过孔隙度和渗透率之间呈线性关系,但它们之间的定量关系是不清楚和多变的。各油田做出的孔隙度和渗透率关系曲线,其趋势是相似的而绝对值可以不同。孔隙度与渗透率的关系可用下列关系式表示:

$$\phi = a \lg K + b \tag{1-5}$$

式中的 a 和 b 是常数,因其使用的数据数量不同,各油田的常数也不同。因此,各油田可按自己油层的试验数据,导出相应的关系经验公式。

(六)孔隙度与渗透率的压实校正

一般常规岩心分析出的地面条件下的物性参数不能代表地下值,在油田开发设计中,需校正为地层条件下的孔隙度和渗透率才可使用。

孔隙度和渗透率随着上覆压力的增加,测定值减小,变化趋势并非一条直线,而是指数函数曲线,确定这类非线性关系的指数函数的方法为非线性回归分析。它的通用式为:

$$y = a\,\mathrm{e}^{hx} \tag{1-6}$$

在对孔隙度和渗透率进行压实校正时,最好是根据大量实测样品值建立与对应岩样实际深度值之间的相关关系式。采用最小二乘法拟合其实测数据,以确定函数式中的各个系数值。

1. 孔隙度的压实校正

我国的石油及天然气储量计算方法中,导出有效孔隙度压实校正的经验公式为:

$$\phi_F = 1.0186\phi_S^{1.0427} \tag{1-7}$$

式中:ϕ_F——油层孔隙度;

ϕ_S——地面孔隙度测定值。

2. 渗透率的压实校正

在已知三轴向压力下的渗透率时,可将其校正为地层条件下的渗透率。它的经验公式为:

$$K_{gr} = K_{gs}\exp\{-a_K[1 - \exp(1 - \lambda\sigma)]\} \tag{1-8}$$

式中:K_{gr}——某有效上覆压力(σ)下的岩样孔隙渗透率;

K_{gs}——有效上覆压力($\sigma = \sigma_{min}$ 时)下的岩样孔隙渗透率;

a_K——岩样渗透率变化系数(常数);

λ——可以事先根据油田的实际情况而定,经验值为 0.0484,其相关系数为 0.9965~0.9999。

校正时,对式(1-8)取对数回归实验数据,可得出不同岩样的相关式。它的通用式为:

$$\ln K_R = \ln K_S - a_K[1 - \exp(1 - 0.0484\sigma)] \tag{1-9}$$

显然,公式(1-7)是通用的,公式(1-8)则对不同岩样的系数是不同的。

三、薄互层低渗透油藏储层的孔隙结构特性

(一)储集孔隙空间形态结构特性

1. 储集孔隙空间形态结构的研究方法

铸体技术是一种研究储集孔隙空间形态结构的方法,即将带色的注剂(如低熔点的伍德合金、有机玻璃单体或环烷树脂)在真空状态下注入岩石空间,并在高温(90℃以上)、高压(30MPa)下固化,然后制成铸体薄片或孔隙骨架,在偏光镜下、图像分析仪上或扫描电镜下,直接描述储集岩的孔隙、喉道形态和大小分布特征,孔喉连接方式和孔喉配位,孔隙定量解释参数(平均孔隙直径、最大孔隙、孔隙分选、孔隙度、比表面积)。在孔隙定量参数的研究中,一般采用截面弦法、椭球段节模型,在图像分析仪上进行数字处理。

2. 孔隙的类型划分

偏集岩的孔隙类型有多种分类方法,我国油田最常用的孔隙分类为混合分类法。其中,低渗砂岩油层的孔隙可分为五种类型,即粒间孔、溶蚀孔、微孔、晶间孔隙、裂隙孔。

(1)粒间孔。粒间孔是受沉积环境和颗粒排列形式影响形成的孔隙,通常多见的为三角形、近圆形、多边形,这几种孔隙是储集岩中最主要的孔隙。

(2)溶蚀孔。溶蚀孔是指形成的原生孔隙受到成岩改造作用,在油层岩石的可溶物质被溶后形成的孔隙,孔隙形状不受原始组分的制约,常呈洞穴状,一般为不规则的三角形、棱角状多边形等。在有大量岩屑和长石成分或碳酸盐、沸石胶结物的砂岩中,容易形成大量的溶蚀孔隙。溶蚀孔是低渗透油层中的主要类型,这对改善低渗透油层的渗透性有十分重要的地质意义。

以上两种孔隙是油层中的主要流动孔隙,其特点是孔隙连通性好,一个孔隙至少和3个喉道相连接,孔隙个体大,它的多寡是判定油层物性好坏的主要因素。

(3)微孔隙。微孔隙是沉积时沉积的泥状杂基收缩和黏土的重结晶作用后形成的孔隙。此类孔隙在油层所占的比例范围很宽,它主要取决于颗粒大小和泥质物质含量。一般在中细砂以上为主的油层中,微孔数量较少;

在粉砂和泥质细砂、粉砂岩中,微孔含量较高,微孔个体细小,在油层中常呈星点状、网络状分布,是构成低渗高含水油层的主要因素之一。

(4)晶间孔。晶间孔一般是指成岩后生作用中形成的孔隙,如碳酸盐、石膏、沸石胶结物中的晶间孔。晶间孔一般较规则,它的形状受矿物结晶习性的制约,常呈网格状、长条状或叶片状、缝隙状,晶间孔矿物堵塞粒间孔隙,把大的粒间孔隙缩小并分隔为许多晶孔网络,也是形成低渗和高含水油层的因素之一。大的晶间孔可达 $2\sim5\mu m$,一般均小于 $0.5\mu m$。低渗透油层中均含有不等量的晶间孔,一般小于 5%。

(5)裂隙孔。裂隙孔是指在碎屑砂岩油层中的裂隙,它主要有两种类型:一种是受沉积作用控制的岩性裂隙;另一种是受构造作用控制的构造裂隙。油层岩性中的裂隙可以沟通孤立溶孔和微孔隙,这对改善低渗透的渗流状况十分有利。裂缝在地层条件下往往是闭合的,裂隙在裂缝中的图形一般呈不规则的直线状和弯曲线状。

3. 孔隙、孔隙喉道与孔隙结构

储集岩中的储集空间是一个复杂的立体孔隙网络系统,但这个复杂孔隙网络系统中的所有孔隙(广义)可按其在流体储存和流动过程中所起的作用分为孔隙(狭义孔隙或储孔)和孔隙喉道两个基本单元。在该系统中,被骨架颗粒包围着并对流体储存起较大作用的相对膨大部分,被称为孔隙(狭义);另一些在扩大孔隙容积中所起作用不大,但在沟通孔隙形成通道中却起着关键作用的相对狭窄部分,被称为孔隙喉道。

孔隙结构是指岩石所具有的孔隙和喉道的几何形状、大小、分布、相互连通情况,以及孔隙与喉道间的配置关系等。孔隙结构可以反映储层中各类孔隙与孔隙之间连通喉道的组合,是孔隙与喉道发育的总貌。

4. 储集孔隙空间形态结构的特征

(1)中高和中低渗透储层。粒间孔 60% 以上,以大孔、中孔为主,溶孔次之,在油层中常呈粗-中细点状分布。

(2)低渗和特低渗透储层。以中、小孔为主,溶孔占 50% 以上。连接孔隙的喉道以管状和片状的细喉道为主,二者合计占 $72.8\%\sim85.7\%$。

(3)低渗砂岩储集层中的孔隙几何形态,以三角形、四边形(或菱形)和多边形为主,在粉砂岩、泥质含量高和成岩作用较强的砂岩中,蜂窝状孔、星点状和长条形孔更为常见且丰富。在溶孔发育的砂岩中,也多见三角形、四边和多边形、长条形孔。就孔隙、喉道的随机连接而言,它可以是三角至四边形、三至多角形;单多边形、单至三角形、复合多角形等,这种连接形式决定了它的孔喉配位数在 2~6 之间。如果孔隙网络中存在一条裂缝,它连接的喉道则会大大增加。

(二)微观孔隙结构特性

1. 微观孔隙结构的研究方法

虽然铸体图像孔隙在研究孔隙和喉道的几何形状、大小和互相配置关系等方面有着直观的效果,但其分辨率较低。而孔隙介质的毛细管力作用可以把孔隙划分为超毛细管孔、毛细管孔、微毛细管孔,因此毛细管压力测定是研究微观孔隙结构的另一种最为省时、省力的好方法。

毛细管压力的大小取决于两种流体之间的界面张力、毛细管孔径大小和介质的润湿性,其表达式为:

$$p_c = 2\delta\cos\theta / r \qquad (1-10)$$

式中:p_c——毛细管压力,$\times 10^{-9} N/m^2$;

δ——界面张力(或表面张力),$\times 10^{-9} N/m^2$;

θ——界面与固体表面的接触角;

r——毛细管半径,cm。

测定毛细管的方法有半渗透隔板法、离心机法、压汞法和吸附法四种,石油储集层研究中应用最广的是压汞法。用压汞法进行样品试验时,是将岩样装入压汞仪的岩心室内,用间隔定点,逐点增压的办法测定。当定点增压达到限定压力和汞饱和度达到平衡后即完成一条增压注入水银的毛细管压力曲线,接着减压退出水银,完成减压毛细管压力曲线,两条曲线并不重合。这种不重合的曲线,可以作为研究石油采收率的重要手段。

2. 毛细管压力曲线的特征

一块岩样的毛细管压力曲线,不仅是孔径分布和孔隙体积的函数,也是孔喉连接方式的函数,更是孔隙度、渗透率和饱和度的函数。

毛细管压力曲线的主要组成部分越接近纵横坐标轴,微观孔隙结构越好,渗透率越高,排驱压力越低;越远离纵横坐标轴,微观孔隙结构越差,渗透性越差,排驱压力越高。若曲线占据了坐标轴的右上方,则该岩样代表了很差的储集层或盖层。

3. 低渗透储层微观孔隙结构的特征

低渗透储层微观孔隙结构有四大类特征参数,下面只介绍基本和常用的部分参数。

(1)基本特征参数(部分)。

一是排驱压力(p_d)和与其相对应的最大孔喉半径。排驱压力是代表非润湿相开始进入岩样的最低压力,该压力愈低,储集岩的性能愈好,最大连通半径愈大。在压汞方法标准中,规定最大连通孔喉所对应的压力为排驱压力。它是评价储层好坏、研究岩层封闭能力和油气进入储集岩的重要参数,最大连通孔喉半径取排驱压力所对应的孔喉半径。

二是中值压力(p_{e50})和中值半径(r_{50},μm)。中值压力是指汞饱和度达50%的压力,此压力愈低,储集层性能愈好,它是油层油柱高度研究中十分重要的参数。中值半径即中值压力对应的孔喉半径。

三是最大汞饱和度(S_{Hg})和束缚水饱和度(S_{wi})。最大汞饱和度是指最高压力下进汞饱和度,此值愈高,反映储集性能愈好,它相当于实际岩样中的最大含油饱和度。当进汞达最高压力时,汞饱和度不增加,曲线的尾部与纵坐标轴平行,此时未被非润湿相占据的空间,被称为束缚水饱和度或非饱和空间。

四是退汞效率(W_e)。退汞效率是指降压后退出的水银体积与进入岩样的最大水银体积之比。比值愈大,反映储集性能愈好,水驱油效率愈高。退汞效率是研究储集层采收率的重要参数,它的计算公式为:

$$W_e = \frac{1 - S_R - S_{wi}}{1 - S_{wi}} \times 100\% \qquad (1-11)$$

式中:S_R ——残余汞饱和度。

(2)与渗流和采收率有关的参数(部分)。

一是微观均质系数(a)。微观均质系数是每一喉道半径对最大喉道半径上 r_{max} 的比值,总偏离度为每个 r 值的偏离值对饱和度的加权。a 越大,组成岩样的喉道半径越接近最大喉道半径,岩样的孔喉分布越均匀。微观均质系数的表达式为:

$$a = \int_0^{S_{max}} r(S) dS / (S_{max} \cdot r_{max}) \qquad (1-12)$$

a 的变化范围为 $0 < a \leqslant 1$。低渗透油层 a 值随渗透率的降低有增大的趋势,但这种变化并不明显。

二是相对分选系数(CCR)。相对分选系数是孔喉半径的方差除以平均值,即孔喉半径对于平均孔喉半径的相对误差,它的值越小,说明孔喉大小分布越集中于平均值,孔隙结构越均匀。相对分选系数的计算公式为:

$$\overline{X}(\text{平均值}) = \sum_{i=1}^{n} \Delta S_i X_i / 100 \tag{1-13}$$

$$\delta(\text{方差、分选系数}) = \sqrt{\frac{\sum (X_i - \overline{X})^2 \Delta S_i}{100}}$$

$$\text{CCR}(\text{相对分选系数}) = \frac{\delta}{\overline{X}} \tag{1-14}$$

低渗透油层的相对分选系数随渗透率的增高而增大。

三是孔隙几何因子(G)。毛细管压力曲线在双对数坐标纸上是一条双曲线,双曲线的常数值表示孔隙几何因子 G,其值越小,表明毛细管压力曲线越凹向于坐标原点,岩样的孔喉分布越均匀。孔隙几何因子的计算公式为:

$$G = 2.303 \times C^2 \tag{1-15}$$

式中:C——常数,$C^2 = (\lg p_c - \lg p_d) \cdot (\lg V - \lg V_{\max})$。

低渗透地层中的 G 值和中高渗透层有相同的特征,G 值越小,渗透率越好。

四是主流喉道半径(r_Z)。主流喉道半径是用压汞资料计算的渗透率贡献值达 95% 以前的喉道半径区间与进汞量的加权平均值。主流喉道半径的表达式为:

$$r_Z = \frac{\sum_{r_{\text{小}}}^{r_{\text{大}}} r \cdot \Delta V}{\sum_{r_{\text{小}}}^{r_{\text{大}}} \Delta V} \tag{1-16}$$

式中:$r_{\text{大}}$——主要流动范围最大孔喉半径;

$r_{\text{小}}$——主要流动范围最小孔喉半径;

ΔV——与 R 对应的孔喉体积分数。

低渗透地层中的 r_Z 值越大,储集层的性能越好。

五是主流喉道半径下限值($r_{95\%}$,μm)和流动喉道半径下限值($r_{100\%}$,μm)。主流喉道半径下限值和流动喉道半径下限值分别是指累积渗透率贡献值达 95% 和 100% 时的喉道半径。它是储集层分类评价中的一项重要参数,比值越大,表明储集岩的性能越好。不同性质的储层,主流半径下限不同。

六是最小流动喉道半径（ΔK_i）。 最小流动喉道半径是指渗透率贡献值达 99％时所对应的喉道半径。最小流动喉道半径的表达式为：

$$\Delta K_i = \frac{K_i}{K} = \frac{\int_{s_i}^{s_{i-1}} \frac{\mathrm{d}S}{p_{ci}^2}}{\int_0^1 \frac{\mathrm{d}S}{p_{ci}^2}} = \frac{\int_{s_i}^{s_{i-1}} r_i^2 \mathrm{d}S}{\int_0^1 r_i^2 \mathrm{d}S} \tag{1-17}$$

上式反映某一大小喉道（半径为 $r_i \sim r_{i-1}$）对渗透率的贡献值大小，$\Delta K_i < 1\%$ 时所对应的喉道半径为最小可流动孔喉半径。

七是结构难度指数（D）。结构难度指数是指在水驱油的过程中，由于孔隙结构而出现难度的平均值（不是最小值）。结构难度指数的表达式为：

$$D = \left(\frac{1}{\overline{r_e'}} - \frac{1}{\overline{r_e}} \right) \int_\infty^0 \int_{r_e}^0 a\left(r_e', r_e\right) \mathrm{d}r_e' \mathrm{d}r_e \tag{1-18}$$

式中：$\overline{r_e'}$——样品的平均孔隙喉道半径；

$\iint a\left(r_e', r_e\right) \mathrm{d}r_e' \mathrm{d}r_e$——最低可进得去的孔隙空间的分数，进入这些空间是受孔喉半径 r_e' 所控制的；

$r_e' < r_e < \overline{r_e'}$——最低可进入孔隙空间的膨大体的平均半径。

上式说明，不论活性剂油、水驱油将使用什么样的模型，D 总是三个特定参数 $\overline{r_e'}$、$\iint a\left(r_e', r_e\right) \mathrm{d}r_e' \mathrm{d}r_e$ 及 $\overline{r_e}$ 的函数。

八是平均半径（r_e）。 平均半径与中值半径具有相似的含义，不过计算方式不同，平均半径是根据孔喉半径间距对间距饱和度的加权而建立的。平均半径的表达式为：

$$\overline{r_e} = \sqrt{\frac{\sum_{i=1}^n r_i^2 \cdot S_{Hgi}}{\sum_{i=1}^n S_{Hgi}}} \tag{1-19}$$

式中：r_i——某一区间的孔隙半径中值，μm；

S_{Hgi}——某一孔喉半径区间汞饱和度的百分数。

平均半径的间隔越小，计算的精度越高。

九是孔隙结构特征参数（$\frac{1}{D_r \phi_p}$）。 孔隙结构特征参数是相对分选系数（D_r）与结构系数乘积之倒数；渗透率愈高，其值愈大，驱油效率愈高。孔隙结构特征参数与水驱油效率的关系为：

$$\eta_{终} = 6.8\ln\frac{1}{D_r \phi_p} + 63.9 \qquad (1-20)$$

相关系数为 0.9009～0.8775。孔隙结构特征参数随渗透率的增大而降低,中高渗透层则是随渗透率的增大而增大。

十是储渗参数。储渗参数是岩石的有效孔隙度与特征参数、绝对渗透率对数的乘积。此参数控制着含水饱和度,其相关系数为 0.9。

储渗参数值越大,储集层性能越好,油水相对渗透率增高,驱油效率变好。

(3)矩法计算的参数(部分)。根据地质统计理论,一些随机变量的分布规律只依赖于某些参数,这些参数就是随机变量的数字特征。在孔隙大小分布研究中,重要的数字特征参数有平均值($\overline{X}$)、标准差(δ)、变异系数(C)等。

(4)正态概率值(部分)。用正态概率值表示孔隙结构的特征参数有均值(DM)、孔隙分选系数(SP)、孔喉分布偏度(SK)、孔喉分布峰态(KG)。

(三)孔隙结构的主要影响因素

第一,孔隙结构受沉积相和岩性的制约,沉积相不同,孔隙结构不同,岩性不同,孔隙大小和数量也不同。

第二,在机械压实作用下,由于各油层的矿物组分及含量不同,孔隙结构也不同。

第三,成岩作用使孔隙结构复杂化,溶蚀作用使孔隙变大,成岩胶结和自生矿物,可使孔喉变小、变窄或孔隙损失殆尽。

第三节　薄互层低渗透油藏的地应力与裂缝特征

一、薄互层低渗透油藏的地应力

在地球演变的年代里,由于地壳运动及地质变形,地球内部岩层逐渐产生内应力。地应力是指地层中的天然存在的应力,它是纯自然形成的、没有受到任何人为或工程扰动的初始应力。随着时间的推移或空间的变化,地应力的大小或方向都会发生改变,按照地应力形成年限和过程可以把地应力分为古地应力和现今地应力,古地应力即较老时期存在的、现在不富含有构造应力的地应力,现今地应力即现在存在并还在处于活动状态的应力。地应力是控制薄互层低渗透油藏天然裂缝分布及水力压裂裂缝形态的重要因素;古构造应力场控制天然裂缝的形成、分布及发育程度;现代应力场则不仅影响天然裂缝目前在地下的赋存状态及有效性(开启情况和连通情况),还控制了人工压裂裂缝的形态和延伸方向。

地应力的形成主要有两个原因:一是重力作用;二是构造运动(构造运动方向主要是水平应力)。影响地应力的因素有很多,包括岩体自重、构造应力、大陆板块边界受挤压、地幔热对流、岩浆侵入等。

(一)岩体自重对地应力的影响

由于地球具有引力,地球表面及内部的岩石因地心引力而产生的应力被称为自重应力,即一种指向地心方向的作用力。因此,自重应力是每一岩石都具有的特征,自重应力在空间有规律的分布状态被称为自重应力场。岩体自重应力的大小,相当于这个岩体本身所在位置承载上覆岩层的重量的大小。

地应力形成的主要因素有两个:一个是构造应力,另一个是自重应力,即原岩应力≈构造应力+自重应力。[①] 由此可以看出,自重地应力随着岩体埋藏深度的增加而增加,同时与上覆岩层的容重呈正比关系。自重应力是岩体垂直应力的重要组成部分,但并不等同于垂直应力,影响垂直应力的因素还有很多,像水温不均、岩浆侵入等。其实,在实际工程开挖测量中,标准垂直于地表的应力是不存在的。实测发现地应力中有一个应力与垂直应力的方向相接近,因而就把这个与垂直应力相接近的应力称作垂直应力。

(二)构造应力对地应力的影响

构造应力是在地壳深处由于地质构造变形所产生的应力,构造应力在空间有规律的分布状态叫作构造应力场。构造运动使地表呈现出褶皱或者断裂,构造应力在地应力中起着主导作用。

在一定深度的岩层中,地应力一般由三个主应力构成:一个是垂直应力,它是由自重应力也就是岩体上覆岩层表面的应力而产生的;另外两个是相互垂直的水平应力,两个水平应力又分为最大水平应力和最小水平应力,

---

① 孟楠楠.地应力测量方法及研究[D].包头:内蒙古科技大学,2015:9.

两个水平应力的存在由于构造应力而产生。其中,最大水平主应力和最小水平主应力的大小随着岩层埋藏深度的增加而有所增加。

(三)大陆板块边界受挤压对地应力的影响

大陆板块每天都以微小的速度变化着,对于板块内部地壳运动相对比较稳定,而在板块与板块交界的地方地壳比较活跃,是全球地震、海啸和火山的多发地带。

中国的四周都受到板块挤压的影响,如我国大陆板块与东南方的菲律宾板块和西南方的印度洋板块相接壤,西北方与西伯利亚板块相邻,东北方有太平洋板块交接,我国的地形深受这些板块的影响,大部分的山脉和褶皱就是由于这些板块之间的挤压形成的。这些都是原地应力产生的因素,它们是地球演化及地壳板块运动的结果。

(四)地幔热对流对地应力的影响

地幔热对流是一种自然对流,是一种地幔中的物质由于密度差或温度差而产生的运动,它向地球的表面传递质量、能量、动量,所以人们认为地幔对流运动是板块运动最主要的驱动力。

地球深处的地幔的主要组成元素是硅和镁,它们在地幔中的温度很高,所以它们可以自由地蠕动,从而可塑性也比较好。每个对流都由上升流、下降流和水平流三种对流组成,地幔对流运动是板块运动最主要的驱动力。动力均衡现象在地球表面呈现出起伏不平,这是由板块构造引起的。

(五)岩浆侵入对地应力的影响

岩浆是一种具有高温、高压的流质物体,岩浆的侵入一般受到构造带尤其是张性断裂带的控制。地壳板块下的熔融状态的岩浆处于静水压力状态,以及和周围的岩体始终保持一种平衡的状态,当岩浆侵入后,这种平衡状态被打破,由于岩浆侵入时温度不均,岩浆冷凝后会使局部地区产生应力集中的现象,不同的岩浆周围的应力场不一样,且没有规律,也不是一种整体的应力场,所以只会产生局部应力。岩浆侵入后,岩层中的各种物质线膨胀系数会发生变化,接触面岩体的应力也会发生变化,这些因素都会对地应力产生不同程度的影响。

二、薄互层低渗透油藏的裂缝特征

(一)储层天然裂缝的成因特征

储层天然裂缝按其成因,可分为构造裂缝和非构造裂缝两大类。我国低渗透储层裂缝绝大多数为构造裂缝,个别油田也发育一些非构造裂缝。这些油田的岩心构造裂缝一般具有下列特征:

第一,裂缝分布比较规则,产状稳定,常成组出现。

第二,裂缝面一般比较新鲜,无滑动充填现象,显示潜在缝特点;或者裂缝面上有擦痕、阶步、羽蚀等现象,有些裂缝两侧甚至还有微错动现象。

第三,裂缝切穿深度较大,但宽度很小,切穿终止情况明显受岩性控制。

第四,有些裂缝局部或全部被矿物(如方解石、石英等)充填,某些缝面上被 Fe、Mn 等氧化物侵染。

第五,裂缝的力学性质是既有张裂缝,也有剪裂缝,但一般以剪裂缝为主。

我国低渗透储层裂缝的成因类型和分布形式及地质特征与盆地所处的构造体制密切相关。根据构造体制,我国含油气盆地可分为伸展型、挤压型、稳定型和走滑型四大类。我国东部老油田所在处主要是伸展型盆地,裂缝伴随正断层发育,一般规模小,长度和密度都不大,岩石易破碎,缝面时有时无,多以微小的潜在缝形式出现,易被人忽视;而我国西部尤其新疆等油田则处于挤压型盆地构造,裂缝特点明显不同于东部油田,裂缝伴随逆冲断层发育,规模大,直劈缝很发育,有的直劈缝可长达 8m,在开发中影响十分明显。

(二)储层天然裂缝的产状特征

裂缝的产状主要指裂缝的倾角和走向(或方位),是描述裂缝的重要参数。

第一,倾角。构造裂缝按其倾角大小可以分为垂直缝(倾角大于 80°)、斜交缝(倾角 80°～10°)、水平缝(倾角小于等于 10°)三大类。一般又将倾角大于 60°的缝称为高角度裂缝。

第二,方位。我国低渗透油田的裂缝方位与所处盆地的构造体制有明显的关系:东部油田的裂缝方位总体来看以近东西向为主,且主要发育一组,估计为区域性构造裂缝;西部油田的裂缝方位变化多样,与发育的构造背景密切相关,且往往有多组出现。我国西部油田的裂缝方位虽然复杂,但一般全油田裂缝优势方位与所在构造的长轴方向大体一致。

(三)储层天然裂缝的发育特征

裂缝的发育程度通常用密度来衡量,我国低渗透油田裂缝发育的密度受构造部位、层厚和岩性控制十分明显,有明显的规律性。

第一,层厚。层厚越大,裂缝间距值越大;反之,层厚变小,则裂缝间距变小,密度增大。

第二,岩性。岩性越致密坚硬,裂缝就越发育。不同岩性按裂缝密度从大到小的排列顺序是:钙质砂岩→粉细砂岩→泥粉砂岩→粉砂岩、泥岩→中砂级以上沙砾岩。致密坚硬的钙质砂岩及粉细砂岩裂缝发育,而中细砂岩裂缝发育较少。不仅宏观或肉眼可见的裂缝有此规律,就是显微镜下观察到的微观裂缝也具有此特征。从岩性和厚度上分析,岩性粗、厚度大的岩层,裂缝密度虽小,但规模较大;岩性细、厚度较薄的岩层,裂缝密度虽然大,但裂缝规模较小。

第三,构造部位。由于不同构造部位形成时的构造应力场大小、方向不同,加之相应岩性、岩相的差异,就造成了裂缝发育程度和方位的不同。一般来说,在不对称背斜的陡翼、褶皱转折处、端部及大断层两侧附近裂缝发育。构造部位不同的井,裂缝密度也不相同,裂缝发育密度受构造部位的制约。

第二章 薄互层低渗透油藏渗流规律与机理

第一节 薄互层低渗透储层微观渗流

一、微观驱油用二维热固化多孔介质模型的制作方法

二维热固化多孔介质模型包括由热固化树脂和固化剂混合成型的底板、由热固化树脂和固化剂混合成型的盖板,其中盖板和所述底板互相黏接,底板上具有与岩心的孔隙通道结构相对应的二维孔隙通道结构,还具有与其上的二维孔隙通道结构连通的液体流入孔道和液体流出孔道。该二维多孔介质模型的制作技术难度不高,对硬件要求低,易于在常规实验室进行,制作成的模型可视性好、易于观察,且可以根据不同的母版制作不同的模型。

(一)主要设备

二维热固化多孔介质模型所需的主要设备见表 2-1①。

表 2-1 主要设备

设备名称	型号	用途
电热恒温鼓风干燥箱	DL-101-3	恒温固化
真空干燥箱	DZ-1BC	真空脱气
匀胶机	KW-4A	均匀涂胶
真空泵	2XZ-2	真空脱气

---

① 本节图表均引自朱维耀,王增林,李爱山,等.薄互层低渗透油藏压裂开发渗流理论与技术[M].北京:科学出版社,2016:12—15.

续表

设备名称	型号	用途
高压汞灯	400W	固化紫外胶
超声波清洗器	KH3200DB	清洗岩心
电子天平(千分之一)	PL203	称量

（二）主要药剂

二维热固化多孔介质模型所需的主要药剂见表 2-2。

表 2-2　主要药剂

药剂名称	分子式	纯度	用途
FDMS 双组份			制作弹性印章
环氧树脂 618#			制作模型基体
三乙醇胺	$C_6H_{15}NO_3$	分析纯	环氧树脂固化剂
紫外固化胶			制作模型基体
松节油		分析纯	溶解松香
松香			饱和岩心
乙醇	CH_3CH_2OH	分析纯	清洗
去离子水	H_2O		清洗

（三）制作步骤

第一步,对岩心进行预处理。对岩心进行封装保护处理。

第二步,制作母版。将热固化树脂和固化剂混合后浇铸在封装处理的岩心周围,然后在恒温箱中进行固化成型,固化成型后去除岩心的封装保护,再进行机械加工以形成母版上液体流入和流出的孔道,以得到具有含岩心孔隙通道截面的母版。

第三步,制作弹性模具。将聚二甲基硅氧烷浇铸到母版上,然后放入真空箱中进行抽真空脱气,而后放入恒温箱中进行固化成型,固化成型后将母版剥离,得到与母板上所述截面的孔隙通道结构和母版上的液体流入流出的孔道互补的镜像结构,即弹性模具。

第四步,制作底板。将热固化树脂和固化剂混合,然后浇铸在弹性模具上,放入真空箱进行抽真空脱气,而后在恒温箱中进行固化成型,固化成型后将弹性模具剥离,得到与母版上的所述截面的孔隙通道结构,以及母版上的液体流入流出相同的结构,即得到底板。

第五步,制作盖板。将热固化树脂和固化剂混合,然后浇铸在盖板模具上,放入真空箱进行抽真空脱气,而后在恒温箱中进行固化成型,固化成型后将弹性模具剥离,得到与底板大小相同的盖板。

第六步,在盖板上涂上黏接剂。将底板上有孔隙通道结构的一面与盖板黏接,放入恒温箱中,黏接剂固化后即得到二维多孔介质模型。

二、高温高压微观可视化的实验方法

(一)实验装置

高温高压微观可视化的实验装置主要有日本岛津微量注入泵、显微镜、图像采集设备、其他容器罐和加压设备等,具体如图 2-1 所示。

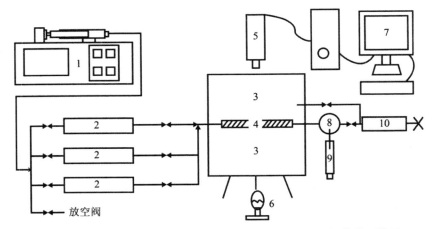

1—微量泵;2—中间容器;3—微观模型夹持器;4—光刻蚀可视化微观模型;
5—显微镜;6—光源;7—图像分析系统;8—回压阀;9—量筒;10—手摇泵

图 2-1 微观驱油实验流程图

1.模型夹持器

高温高压微观可视化的实验主要使用玻璃微观模型,为了使模型能够承受住地层条件下的压力和温度,必须有相应的模型夹持器来控制温度、保持压力。模型夹持器主要是为模型提供高压外部环境与合适的恒温条件,同时作为外接管线与模型的接口。模型夹持器主要由上下观察窗和腔体三部分构成,上下观察窗由耐温耐压玻璃和固定架组成;腔体为模型安装的空间,上面有恒压孔和泄压孔、测温孔以及油浴管线,同时具有玻璃模型的固定接口与连接模型的外部管线接口。

2. 驱替系统

驱替系统主要由一台高压柱塞泵和一个中间容器(内装按地层油气比配置好的原油)构成。

3. 回压系统

回压系统主要由一台手动泵和两个中间容器构成。其中一个中间容器内充满氮气,在整个实验过程中,使系统能长时间处于一种比较平稳的压力下,起恒压作用;另外一个中间容器中充满液体,手动泵将液体直接打入模型,出口增压到预定压力,起回压作用。

4. 环压系统

环压系统主要由一台手动泵和一个中间容器构成。中间容器中充满透明的自来水,手动泵将水打进中间容器,将自来水顶替到夹持器环空中,使实验模型始终处于比较高的环压控制下,防止模型破裂和泄漏。

5. 压力监视系统

压力监视系统主要由四个压力表、两只传感器和两次仪表构成,用于监测环压压力、回压压力、配制油所在的中间容器中的压力、氮气的压力及实验中模型进出口压力等。

6. 图像采集系统

图像采集系统主要由光源、摄像头、监视器、录像机和采集用计算机构成,用于采集实验过程中的图像数据。

高温高压微观可视化实验系统可以利用普通玻璃微观实验模型进行压力在 25MPa 以下、压差在 8MPa 以下、温度在 150℃ 以下的各种微观实验,实验模型的大小为 $4.0\text{cm} \times 4.0\text{cm}$。

（二）实验步骤

高温高压微观可视化实验的关键是录像采集图像系统，一定要保证采集图像的清晰，因此调整好光源和焦距很重要。下面以水驱微观驱油效率为例，论述高温高压微观可视化的具体实验步骤。

第一，安装好微观模型，将微观模型抽真空后饱和地层水。

第二，调整试验温度、围压压力和回压，以 0.1mL/min 的速度向微观模型中注入实验用油直至不出水为止，而后在该温度和压力下老化 12h 以上。

第三，调整试验温度、围压压力和回压，开启图像采集系统，调节显微镜与光源直到最佳观测效果。

第四，以 0.1mL/min 的速度向微观模型中注入地层水直至完全不出油，整个驱替过程全程高清摄像，观察模型中水驱油水运动情况、油水分布和残余油分布等情况，结束实验。

第二节　薄互层低渗透油藏相渗规律分析

一、薄互层低渗透油藏相渗实验原理

非稳态法是以水驱油基本理论（即贝克莱-列维尔特前沿推进理论）为出发点，并认为在水驱油过程中油水饱和度在岩石中的分布是水驱油时间和距离的函数。因此油水在孔隙介质中的渗流能力，即油水的相渗透率也随饱和度分布的变化而变化，油水在岩石某一横断面上的流量也随时间而变化。这样，只要在水驱油过程中能准确地测量出恒定压力时的油水流量或恒定流量时的压力变化，即可计算出两相相对渗透率随饱和度的变化关系。由于油水饱和度的大小及分布随时间和距离而变化，整个驱替过程为非稳态过程，所以该方法被称为非稳态法（也即不稳定法）。

二、薄互层低渗透油藏相渗实验方法

非稳态法测定岩心中油水两相相对渗透率曲线的基本步骤如下：

首先,驱替开始前,把饱和水的岩心放入夹持器里,围压为上覆压力,并将岩心加热至地层温度,测定岩心的绝对渗透率 K。

其次,用 10 倍孔隙体积的油在恒速下进行油驱水实验,实验结果得到驱替过程的相对渗透率曲线,实验的终点则是束缚水饱和度,并测定束缚水饱和度下油相渗透率(即油相端点渗透率)。

最后,用 10 倍孔隙体积的水在恒速下进行水驱油实验,实验结果可得到吸入过程的相对渗透率曲线。实验的终点是残余油饱和度,并测定残余油饱和度下水相的端点渗透率。

三、薄互层低渗透油藏相渗实验结果分析

(一)油水相渗特征参数分析

岩样对应的渗透率、束缚水饱和度、油水两相跨度、油水两相交点饱和度、残余油饱和度、最终采收率等数据见表 2-3[①]。

表 2-3　相渗曲线测定实验结果

序号	样品编号	渗透率/mD	束缚水饱和度/%	油水两相共渗区跨度/%	油水两相交点饱和度/%	残余油饱和度/%	最终采收率/%
1	5-1	2.35	33.75	39.85	63.84	26.4	60.15
2	8-5	1.12	35.63	35.07	59.78	29.3	54.48
3	4-4	0.83	37.63	31.47	57.31	30.9	50.45
4	2-2	0.52	39.91	28.89	53.13	31.2	48.38
5	1-2	0.38	40.62	25.88	52.71	33.5	43.60
6	5-4	0.26	41.54	23.56	54.36	34.9	40.34
平均		0.91	38.18	30.79	56.86	31.0	49.57

---

①　本节图表均引自:朱维耀,王增林,李爱山,等.薄互层低渗透油藏压裂开发渗流理论与技术[M].北京:科学出版社.2016:30－36.

1. 油水两相共渗区跨度分析

从相渗曲线两相共渗区跨度统计情况看,两相共渗区跨度随渗透率的降低而减小,满足对数相关关系。随着渗透率的降低,两相跨度由39.85%下降到23.56%,下降幅度为40.88%。

2. 等渗点含水饱和度分析

相渗曲线等渗点含水饱和度统计结果表明,随着渗透率的减小,等渗点含水饱和度逐渐减小,大致满足线性关系。随着渗透率的减小,等渗点含水饱和度由63.84%下降到54.36%,下降幅度为14.85%。储层的岩心等渗点饱和度都大于50%,说明岩心是弱亲水或亲水的。

3. 束缚水饱和度分析

由相渗曲线束缚水饱和度统计结果表明,束缚水饱和度随渗透率的增加而呈减小趋势,基本满足对数关系。随着渗透率的增加,束缚水饱和度由41.54%降低到33.75%,下降幅度为18.75%。

4. 残余油饱和度分析

相渗曲线残余油饱和度统计结果表明,残余油饱和度随渗透率的增加而呈减小趋势,基本满足对数关系。随着渗透率的增加,残余油饱和度由34.9%降低到26.4%,下降幅度为24.36%。

(二)油水相渗分析

1. 未压裂岩心分析

从岩芯的油水两相相对渗透率曲线的形态来看(图2-2—图2-7),水相相渗曲线的形态为 x 分布形态,当含水饱和度小于50%时,其水相渗透率随含水饱和度的增加而缓慢增加,当含水饱和度大于50%以后,水相相渗透率迅速增加。直线型的相渗曲线反映随着含水饱和度的增加,其油相相对渗透率下降很快,水相相对渗透率上升相对较快。

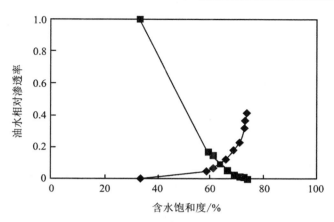

图 2-2　岩心号 5-1 的相对渗透率曲线

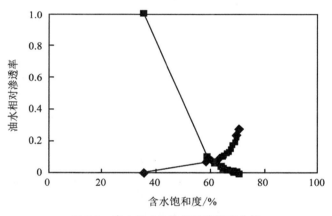

图 2-3　岩心号 8-5 的相对渗透率曲线

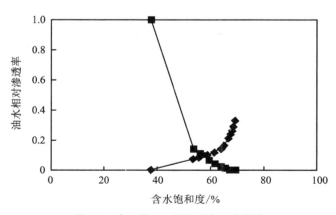

图 2-4　岩心号 4-4 的相对渗透率曲线

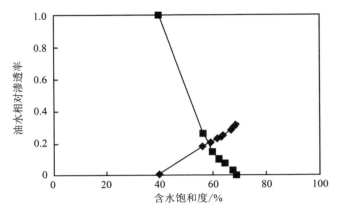

图 2-5　岩心号 2-2 的相对渗透率曲线

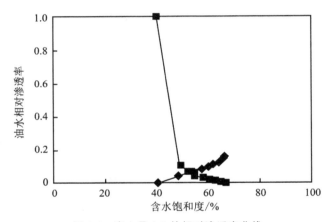

图 2-6　岩心号 1-2 的相对渗透率曲线

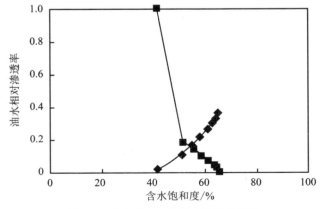

图 2-7　岩心号 5-4 的相对渗透率曲线

2. 压裂岩心分析

根据岩心压裂测其相渗曲线,岩样对应的渗透率、束缚水饱和度、油水两相共渗区跨度、油水两相交点饱和度、残余油饱和度最终采收率等数据见表 2-4。

表 2-4　相渗曲线测定实验结果

序号	渗透率/mD	束缚水饱和度/%	油水两相共渗区跨度/%	油水两相交点饱和度/%	残余油饱和度/%	最终采收率/%	备注
7	11.571	35.63	35.07	59.78	29.3	41.34	
7″	38.72	35.63	22.45	51.67	41.92	31.71	压裂

从图 2-8 的压裂前后相渗曲线对比不难发现,裂缝性岩心相渗曲线形态与基质岩心相渗形态有明显的区别。造缝后两相共渗区变窄,等渗点的相对渗透率变大,且该点含水饱和度变小,相渗曲线抬升(降低)幅度变大,残余油饱和度变大,驱油效率变小。岩心见水后水相相对渗透率曲线迅速上升,含水率上升很快。由于人造裂缝贯穿于整个岩心,裂缝渗透率比基质渗透率大许多,且裂缝内基本上不存在毛管力,所以,水窜现象严重。裂缝对水驱油效率有明显影响,裂缝性油藏一旦水淹后,很难继续开采,过早水淹会导致较多的剩余油不能开采出来,不利于油田的合理可持续开发。

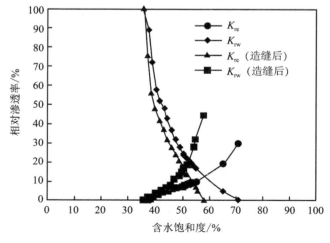

图 2-8　空气渗透率的相对渗透率曲线

第三节　薄互层低渗透油藏径向水射流渗流机理

一、径向水射流可视化实验

（一）实验设备

微观驱替实验设备主要包括耐温耐压可视化系统、注采调整系统、围压自动跟踪装置和回压设定装置。该套设备具有以下优点：

第一，激光加工孔喉模型，重复率高，操作简易。

第二，耐温 120℃、耐压 20MPa。

第三，剩余油定量计算。

（二）微观孔喉模型制作

测试微观孔喉模型基于胜利油田矿场低渗透岩心制作，共采用 5 块矿场岩心，将 1、2、3 号岩心特征组合作为典型低渗区域代表，将 4、5 号岩心特征组合作为典型高渗区域代表。为方便快捷可重复地模拟油藏孔喉特征，选取激光雕刻法开展微观可视化孔喉模型制作。主要步骤包括：①对矿场岩心进行薄片铸体分析，得到岩心的微观孔喉结构特征图像；②利用 Coreldraw 绘图软件对岩心孔喉结构图像进行处理和拼接，制作成激光雕刻机可识别的图像数据文件；③以孔喉结构图像为依据，运用激光雕刻加工制作不同孔喉特征的微观可视化模型。

当激光雕刻孔喉半径相差 10 倍以上时，大孔喉渗流阻力相对于小孔喉可以忽略不计。矿场应用中径向水射流孔眼直径一般小于 5cm，孔眼内流动阻力远小于地层孔喉内流动阻力，因此采用一条宽度 0.2cm 的粗刻缝表征水射流孔眼。矿场应用中径向水射流眼长度一般不大于 100m，对应井距一般在 200～300m，因此设计表征水射流孔眼的粗刻缝穿透井距比例为 0.4。

基于典型低渗区域和高渗区域真实岩心孔喉结构，制作四类玻璃微观模型，包括线性波及模型、前移压头模型、均衡驱替模型和转换流线模型。每类模型孔喉结构相同，分为普通直井驱替和径向水射流驱替两种，模型大小为 10cm×10cm。以转换流线适配井网微观模型为例,模型上半区颜色浅为低渗区,下半区颜色深为高渗区,蓝点处模拟注水井,红点处模拟生产井,箭头所指向处为模拟雕刻的径向水射流孔眼。

(三)实验条件及其步骤

"进行微观水驱油实验模拟现场径向水射流时,为保证实验的准确性,应该严格控制实验条件:测试温度为室温 25℃,测试压力为 10MPa,原油为地面脱气原油与煤油按照 4∶6 配制,其黏度为 1.8mPa·s,实验用水为胜利油田薄互层低渗透油藏实际区块盐水。根据不同模型,进行定流量或定压力驱替,在定流量情况下,以 0.01mL/min 速度恒速注入。在定压差驱替情况下,根据矿场驱替压力梯度约为 0.2MPa/m,所以按照此压力梯度进行驱替。"①

具体实验步骤如下:

第一,运用激光雕刻 4 种径向水射流井网适配方案下的微观可视化玻璃模型。

第二,按照设计流程连接好管线,测试管线的密封性。

第三,加环压,先用围压泵给可视化装置打压 2MPa 左右,使可视化模型能紧密贴合在一起,防止水进入玻璃片中。

第四,提升回压气源压力,再打开 ISCO 泵逐步提升驱替压力达到实验预定压力,在升压过程中始终保持使围压高于驱替压力 1.5~2MPa。

第五,开展水驱,以低速恒定流量或恒定压力平稳注入水,直至出口端连续十分钟不出油为止。

第六,水驱结束后,停止 ISCO 泵后关闭所有阀门,确保压力缓慢下降,保证围压泵不受损害,缓慢打开放空阀门,使液体缓缓滴出,同时缓慢打开回压阀使气源压力稳定降低,整个过程保持围压略高于回压 2MPa 直至放压过程结束。

第七,关闭电源并检查仪器,确保设备恢复常压状态。

(四)微观剩余油定量分析

在宏观剩余油分布基础上,通过对颜色的筛选,利用剩余油分析软件,

---

① 陶帅.薄互层低渗透油藏径向水射流渗流机理与方案设计研究[D].青岛:中国石油大学.2018:37—40.

定量描述不同条件下驱替后剩余油分布情况。剩余油定量分析步骤如下:

第一,图片拆分。受光源、流体颜色等色差影响,宏观颜色存在较大差异,首次提出九宫格法拆分模型。要求拆分后的图片大小一致,便于后续组合计算。

第二,单图定量计算。通过对颜色多次筛选优化,将原始图片划分为油、水、孔隙及其他(四角、边框等影响因素),并将每一类物质划分为六种颜色范围,计算出每种物质所占比例。

第三,多图累加计算。对单图计算出油水比例,采用归一化方法,累加计算得出模型总的油水饱和度。

二、径向水射流实验结果与分析

(一)线性波及模型分析

宏观剩余油分布规律:径向流常规驱替模型受驱替压力梯度影响,在生产井附近流线快速闭合,在远离井底的非主流线区域存在大量剩余油。线性波及模型可有效提升井间驱替压力梯度,形成近似平行线性流场,无明显剩余油富集区。

微观剩余油分布规律:径向流常规驱替模型的主流线方向孔喉内剩余油较少,但非主流线方向由于驱替压力梯度小、剩余油较为富集,且多成油膜状、孤滴状等,无方向性。而线性波及模型的剩余油多分布于两条流线间等势区,呈明显条带状。此类剩余油可通过后续井网流线方向更换进步挖潜。

(二)前移压头模型分析

在前移压头模型中,对注水井径向水射流,可以实现缩短注采井距,前移驱动压头的目的。

宏观剩余油分布规律:常规驱替模型的波及范围以注采井间主流线为主,侧翼受驱动压力梯度影响,属于剩余油富集区。前移压头模型可有效提升侧翼动用程度,剩余油集中于非射流区域。

微观剩余油分布规律:在常规驱动实验中,主流线方向间等势点剩余油较为富集。在前移压头驱实验中,压头附近存在多种流线方向,提高了洗油效率,剩余油分布零散,已波及区域内无明显剩余油富集区。

（三）均衡驱替模型分析

在均衡驱替模型中,对上部注水井射流,可实现高渗层与低渗层的均衡驱替。

宏观剩余油分布规律:常规驱替模型的波及范围以高渗层为主,低渗层仅有少量扩散,层间矛盾突出。低渗层径向水射流后可有效提高低渗层吸水量,在低渗层水射流前缘形成扩散,相当于大大提高了低渗层驱替压力梯度,在纵向上实现均衡驱替,整体水驱油效果得到改善。

微观剩余油分布规律:高渗层两种驱替方式相近。在低渗层中,常规驱替模型中仅有少量波及,难以建立有效驱替压差。对低渗层射孔后可使驱替压头前移,在水射流孔眼处存在多方向的流线,可有效扩大水的扩散半径,提高洗油效率,剩余油仅存在于上下边缘地带。

（四）转换流线模型分析

在转换流线模型的非均质平面上,将注水井向低渗透地带进行径向水射流,可实现转换流线,适配井网的效果。

宏观剩余油分布规律:常规驱替实验的波及范围以高渗区为主,低渗处仅有少量扩散。转换流线驱替实验在初期沿水射流孔眼进入低渗处,并与高渗处低压差区域形成连通,波及范围得到明显改善。

微观剩余油分布规律:高渗处两种驱替方式相近。常规驱替实验在低渗处仅有少量波及,难以形成与高渗层流线合并趋势。转换流场驱替实验在低渗处压头附近流线可向高渗处低压区扩散,剩余油以流线间为主。

第三章　薄互层低渗透油层损害及保护技术

第一节　薄互层低渗透油层损害及预防

在从钻井到固井、射孔、试油、作业及进行增产措施过程中,钻井液、压井液和固体侵入油气层,与油气层中的黏土及其他物质发生物理化学作用,使井筒周围的渗透率下降,增加了油流阻力,降低了油气产量。在钻井及修井过程中,都存在井喷的可能性,井喷后的压井作业将对油气层造成较严重的损害,如果发生井喷失控,甚至着火,还会破坏油气田,并造成严重的环境污染。因此,无论从产量还是长远利益着想,油气层的保护都越来越受到重视。

油气层保护是一项涉及多学科、多专业、多部门并贯穿于整个油气生产过程中的系统工程。从钻井到完井的每项作业都可能使前面的各项作业对油气层的保护所获得的成效部分或全部丧失。

一、钻井液和压井液对油气层的损害和预防

(一)滤液对油气层的损害

钻井液及压井液对油气层渗透率的影响,首先表现为滤液对油气层的损害,在钻井、固井、射孔、作业、增产措施等每个环节都普遍存在,而且有时是很严重的。

其一,黏土水化膨胀。油气层中含有一定量的黏土矿物,滤液侵入油气层,黏土易发生水化膨胀而堵塞孔道,降低渗透率。

其二,黏土分散运移。滤液进入油气层可使水敏性不太强的黏土矿物高岭石、伊利石产生微粒分散、运移,水敏性强的蒙脱石水化后也分散、运移,引起孔隙喉道堵塞,发生土锁。

其三,水锁。钻井液、压井液滤液进入油气层后,使其水的饱和度增加,

油的相对渗透率降低,从而使原油产量下降,这种情况称为水锁。

其四,乳化。滤液进入油气层后,同其中的液相相互作用,形成乳状液,这些乳状液的黏度一般较高,使流动阻力增大,还有阻塞孔道的作用。

(二)固体颗粒对油气层的损害

在钻井过程中,钻开新的油气层而未形成滤饼之前,由于液柱压力与地层压力的压差作用,钻井液中的黏土颗粒及其他固相颗粒随钻井液一起侵入油气层,阻塞油气层孔隙喉道,使渗透率降低。

完井后作业过程中,压井液在压差的作用下,通过射孔孔眼侵入地层,如果压井液中含有固体颗粒或机械杂质,则会堵塞油气层孔道,降低油气层近井地带渗透率。

(三)钻井液和压井液损害的预防措施

1.选择优质压井液

在各种井下作业过程中,为了防止对油气层的损害,应选用优质压井液,与油气层相配伍。优质压井液能保护油层免受损害,使油层渗透率下降很少或不下降,从而提高油井产能。故选择压井液要以油层岩性、矿物成分和岩心流动实验数据为基础,必须考虑:①滤液对地层水的敏感性;②油层中黏土含量和类型及其对外来流体的敏感性和敏感程度;③井下温度和压力状况。

压井液必须具备五个功能:①与地层岩性相配伍,与地层流体相容,保持井眼稳定;②密度可调,以便平衡地层压力;③在井下温度和压力条件下稳定;④滤失量少;⑤有一定携带固相颗粒的能力。

目前,压井液一般选用无固相盐水液和聚合物盐水液。无固相盐水液也称洁净的完井液,一般含20%左右的溶解盐类,由一种或多种盐类和水配制而成,有的加入化学处理剂,以增加黏度和降低失水量。适当选配盐类可以得到满足大部分地层条件的密度。其防止地层损害的机理是由于它本身不存在固相,所以就不会发生像改型钻井液那样夹带着固体颗粒侵入产层的情况。另外,其中溶解的无机盐类改变了体系中的离子环境,使离子活性降低,即使部分压井液侵入产层也不会引起黏土膨胀和运移。所以,盐水压井液是靠其本身的无固相特性和其中溶解的盐类的抑制性来防止地层损害的。

聚合物盐水液是以聚合物代替黏土而产生适当黏度、切力及滤失量,同时该体系还规定以各种不同类型的固体作为胶结剂,以防止无固相液体大量漏入油层。在完井作业中,防止地层损害的最可靠办法就是尽量避免或减少完井液进入地层。聚合物固相盐水液防止地层损害的机理就是如此。其中适合于产层特点、分选好的固相颗粒胶结在地层孔隙入口处,在井壁形成非常致密的滤饼,从而控制了完井液及滤液的侵入。即使有少量滤液侵入,其中溶解的盐类和聚合物的抑制作用也可以进一步防止黏土水化膨胀,即从"桥塞"和"抑制"两方面防止地层的损害。这些桥堵固相颗粒又可在作业后通过一些方法予以除去。这类完井液对地层基本没有损害,其渗透率可恢复至原始渗透率的95%~100%。

2.减少钻井、完井过程的损害

(1)针对油气层特点,采用合理的完井方法,以减少钻(完)井液对油气层的浸泡时间。

(2)合理选择钻(完)井液密度,不使钻(完)井液液柱压力比油气层压力大得过多。

(3)采用平衡钻井法、欠平衡钻井法或泡沫钻井法及气体钻井法,这时井内压力不会大于油气层压力。

(4)在完井液中加入桥堵剂,以减少固相颗粒的侵入。所用桥堵剂有石灰石粉、石英粉及硬沥青粉等。完井液固相成分对地层的侵入深度小于25mm,能够由射孔器子弹穿透,因此对产油能力和注入能力影响都不大。

(5)提高钻(完)井液矿化度,增加钻(完)井液中二价离子的浓度。由于钙离子的存在维持了原有钙黏土的稳定,不致被转化成钠黏土,并且使地层中的部分黏土转变成不易膨胀和分散的钙黏土,这也是钙处理钻(完)井液、石膏钻(完)井液对油气层损害较小的原因。

(6)使用特种钻井液钻开油气层。如采用油基钻井液或油包水乳化钻井液等,可以从根本上避免水侵和泥侵对油气层的危害。

(7)采用挤酸解堵措施。对某些低压、低渗透油气层,往往需要挤注酸液以克服钻(完)井液造成的损害及扩大油气层裂缝之后,才能获得较高产量。因此,生产上把挤酸解堵看作低压、低产井完井的一种有效措施。

二、射孔对油气层的损害和预防

射孔是沟通油气层与井筒的主要手段。如果射孔作业恰当,则可以减缓钻井过程对油气层的损害,使油气井达到理想无污染裸眼井的产能。如果射孔作业不当,则射孔对油气层的损害甚至超过钻井对油气层的损害,使油气井产能降低。

(一)射孔工艺对油气层造成的损害

射孔孔眼周围堆积了残留的岩石碎屑和射孔弹碎屑,形成破碎带,缩小了流通截面,增加了活动阻力。除破碎带以外,受炸药冲击波的影响,岩石及部分碎屑被压实,形成厚度为 $0.64\sim1.27\text{cm}$ 致密的压实带。压实带渗透率为原始渗透率的 $7\%\sim20\%$。

(二)射孔条件对油气层造成的损害

1.压井液对油气层造成的损害

射孔时采用的压井液对射孔影响很大,采用原钻井液或未经处理的淡水将给油气层带来很大的损害,钻井液中的固相颗粒会堵塞油气层的孔隙喉道,形成土锁。钻井液中的滤液及淡水侵入地层会使油气层中的黏土发生水化膨胀,微粒分散、运移而堵塞孔道。

2.压差对油气层造成的损害

正压差射孔会使射孔时形成的岩屑和射孔弹碎屑侵入油气层的原始孔隙空间,压井液中的固体颗粒在射孔过程中会带入油气层,射孔后因压差而进入油气层,原先在孔眼周围的钻井液固体颗粒也被推向深处。大的正压差还会加快压井液的滤失速度,使滤液造成的油气层损害加大。选用负压差射孔,压差过大也会对油气层造成损害。

(三)射孔损害的预防措施

射孔造成的损害主要是压井液压差及滤失、孔眼壁压实。为消除这种损害,广泛采用油管传输负压射孔技术。油管传输负压射孔的优点如下:

第一,负压射孔能迅速产生回流,有利于清洁射孔孔道,清除碎屑压实带。

第二,能采用大直径、深穿透、多相位、高孔密的射孔枪与射孔弹,射孔效率高,深穿透能穿透底层污染带的厚度。

第三,射孔段长,并可与 DST 测试工具配套下井,射孔、测试一次完成。

油管传输射孔使近井带渗透率恢复到 90%～95%，从而大大减少了地层损害。采用负压差射孔，负压差选择要适当。不少案例在进行负压差射孔时，为了强化回流排液减轻损害，希望在最大压差下导流，常在回压为零（或不大）的条件下进行。如果测试层物性好，压差回流造成的隐患不深，则不易察觉，而对于物性差的产层，大压差的损害是严重的。大压差可能引起的损害是微粒运移堵塞。

射孔时选择合适的负压差值，以便最大程度地清洗炮眼，又不至于引起微粒运移、孔隙闭合、地层出砂等地层损害，是负压差射孔中需要研究的一个问题。实验表明，随着地层渗透率的降低，最小负压值迅速增加，当渗透率低于 $4 \times 10^3 \mu m^2$ 时，负压值达到 13.8MPa 或更大些。资料表明，负压差的大小主要与岩心渗透率有关，其计算公式为：

$$\ln p = a - 0.3668 \ln K \tag{3-1}$$

$$p = e^2 / K^{0.3668} \tag{3-2}$$

式中：p —— 负压差；

K —— 渗透率。

如果采用工程制单位，K 用毫达西，p 用 kgf/cm，则 $a = 5.471$。

如果采用标准制单位，K 用 μm^2，p 用 MPa，则 $a = 0.6152$。

对于渗透率大于 $100 \times 10^{-3} \mu m^2$ 的高渗透地层油井，负压差为 1.38～6.8MPa。

对于渗透率大于 $100 \times 10^{-3} \mu m^2$ 的高渗透地层气井，负压差为 6.8～13.8MPa。

对渗透率小于 $100 \times 10^{-3} \mu m^2$ 而大于 $10 \times 10^{-3} \mu m^2$ 的低渗透油井，负压差为 6.8～13.8MPa。

对渗透率小于 $100 \times 10^{-3} \mu m^2$ 而大于 $10 \times 10^{-3} \mu m^2$ 的低渗透气井，负压差为 13.8～34.5MPa。

三、井喷对油气层的损害和预防

（一）井喷发生的原因

第一，多数油、气井中有高压层或漏失层，作业施工时，井筒内压井液受油、气层高压流体的影响，其密度逐步降低。漏失层严重漏水，造成井筒液柱压力小于地层压力，致使液柱与地层压力失去平衡，又无及时的补救措施,从而引起井喷。

第二,井口设备、井身结构、油层套管、技术套管等内在质量问题,完井固井质量问题,以及地面、地下流体的侵蚀和长期生产维护不及时等诸多因素,造成设备损坏,破裂渗漏,引起井喷。

第三,井下工具、封隔器胶皮失灵,解封不开,起钻时造成抽吸油层,引起井喷。

第四,由于地质、工程设计的失误,导致施工的盲目性。无预防措施或措施不当,规章制度不健全或执行不严,误操作及在施工中使用的压井液质量不合格,不按设计施工,防喷设备及工具不配套,导致井喷。

第五,由于电测解释等技术问题,造成资料分析失误,压井液受高压气流的影响,气侵速度加快,预防措施及手段满足不了地层突发变化的需要,引起井喷。

(二)井喷损害的预防措施

1.钻开油气层的防喷措施

(1)准确预报地层压力。钻进中要加强地层对比,及时提出地质报告,尤其对异常高压层的盖层预报一定要准确,根据地质资料掌握准确的地层压力,确定合理的钻井液密度。

(2)及时发现溢流。井喷最根本的原因是井内液柱压力低于地层孔隙压力,使井底压力不平衡。防止井喷的关键是及时发现溢流和控制溢流。出现溢流往往显示为:①钻井液循环出口流量增大、减少或断流,池液面上升或降低;②泵压上升或下降;③钻井液中出现油、气、水显示。当溢流物是原油时,钻井液中有油花或油流,钻井液密度降低,黏度上升;④悬重变化。当钻进中发生钻时加快或放空时,能使悬重增加,甚至恢复到"原悬重";当溢流速度很大时,由于循环阻力增加,泵压上升而对钻具"上顶",使悬重降低,甚至将钻具冲出井口。

2.射孔过程中的防喷措施

(1)井筒内必须灌满压井液,并保持合理的液面高度。有漏失层的井要不断灌入压井液,否则不能射孔。

(2)井口装好防喷装置,试压合格后再射孔。

(3)放喷管线应接出 20m 以外,禁止用软管线和接弯头,固定好后再将放喷阀门打开。

（4）射孔应连续进行，并有专人观察井口，发现外溢或井喷先兆时，应停止射孔。起出射孔枪，抢下油管或抢装井口，关闭防喷装置，重建压力平衡后再进行射孔。

（5）射孔结束后，应迅速下入生产管柱，替喷生产，不允许无故终止施工。

3. 起下管柱时的防喷措施

（1）作业施工时，井口必须装好防喷装置（高压自封、全封、防喷阀门等），上齐、上紧螺栓，提前做好防喷准备。如中途停工，则必须装好井口或关闭防喷装置，严防井下落物。

（2）对有自喷能力和高压、低渗透的井，起下管柱过程中要保持井内液面高度，随时观察井口油、气显示变化，发现外溢现象应立即停止施工，并采取有效措施。

（3）坚持起下管柱操作规程，平稳匀速操作，严防顿钻。

（4）吊装井口设备时要有专人指挥，严防井架倒塌或重物脱落砸坏井门。

（5）起、下异径工具时（工具外径超过油层套管内径 80%），严禁猛起猛下，以防产生活塞效应。起带封隔器的管柱前，应先解封，如解封不好，则应在射孔井段位置进行多次活动试提，严禁强行上起。

（6）对于有高压气层和漏失层的井，起下管柱时要随时向井内灌注压井液，谨防压井液漏失。

第二节　薄互层低渗透油层损害的专家系统及诊断技术

在油田生产过程中常有各种原因导致油气层损害，严重影响采收率和油田经济效益。为满足油田生产的需要，常需对油水井进行解堵处理。虽然目前解堵方法较多，但各解堵措施有各自的特点，同时导致油水井堵塞的因素是多方面的，为达到理想的解堵效果，必须首先对油水井的堵塞原因和种类进行诊断，以便对症下药。即首先建立油水井油层损害诊断专家系统，然后筛选合适的解堵措施。

专家系统是一种智能的计算机程序，是使用知识与推理过程，求解那些需要专门知识才能求解的高难度问题。这种基于知识的专家系统设计方法是以知识库和推理机为中心展开的,即,知识＋推理＝系统。

一、薄互层低渗透油层损害的专家系统

在油水井解堵技术中,基质增产技术是使用最多的一种技术,自20世纪30年代以来被广泛应用于提高油井的产量和注入井的注入量。基质增产技术是通过注入一种流体(例如酸或者溶剂)来完成的,这种流体能够溶解和(或)分散砂岩地层中降低井的产能的污染物,或者在井与碳酸岩地层之间产生新的无污染的流动信道。在基质增产技术中流体是在低于地层破裂压力下注入的。

油水井解堵系统主要包括需解堵井的选择、油层损害情况诊断、解堵措施的确定、施工设计、现场实施和施工评价。

一旦一口井被诊断为欠产井,就必须确定其原因,并采取适当的补救措施,包括确定是否需要人工举升,或者现存的举升方法是否适当和是否在正常运转。在某些情况下,生产受限于油管尺寸、井下设备或其他机械原因,而增产措施不能解决这些问题。一旦消除了潜在的机械问题,并被认为是产量低的原因,余下的井可以作为增产措施的对象。而机械问题不是这里包含的内容。

井的选择应基于产能的潜在增值和增加的产值。显然有最大生产潜能的井应进行增产作业。这个过程包括确定不造成脱砂或产砂的最大允许生产压差(即临界生产压差)。用临界生产压差预测产量,并且对估计施工经济潜力是非常重要的。只要正确设计和施工,砂岩油藏表皮系数减少90%,碳酸盐岩油藏表皮系数的值达到-2是可实现的。

在计算出某井的生产潜能和实际产量后,就可计算增加产量的经济价值和处理费用,生产潜能是表皮系数的函数。经济评价要求根据目前某井的条件作出正确的产量预测和处理后的产量预测,施工后的产量与施工的成功程度有关(如处理后的表皮系数)。

措施前的经济评价要求将产量(收入)和施工费用(投资)与表皮系数的关系建立模型。根据在给定时间内累计的油或气的净增量带来的产出与施工有关的费用,确定处理对井创造的经济效益的影响。该模型能够进行不同边界条件的分析(无限边界作用、无流动和恒定压力)和根据恒定的井底条件(井底压力或恒定的井口压力)进行预测,利用这一模型定量确定经济

效益对表皮系数的敏感程度。应根据目前动态(假设被损害)和处理后的预计动态分析确定输入的表皮系数范围。

模型中的经济评价部分能评估成本和预计的收入。估算的费用包括处理费用、施工费用、利息、税和其他费用。处理后的预计表皮系数值和施工费用可基于现场经验确定。

(一)解堵井的选择过程

解堵井的选择过程是寻找产能受损的井,并诊断产能受损的原因。如果某井未达到一定的经济指标,则并不表明该井产能受到了损害,因为未达到某经济指标也可能是油藏(如压力和渗透率)或井筒(如人工举升、不适当的油管尺寸)本身的局限性造成的。解堵井的选择要求准确评估一口井没有污染情况下的产能。

1. 区分低产能的井(欠产井)及需要增产或增注的井

选择需要解堵井的过程是:首先要识别出与预计产能低的井,然后评估这些井可能存在的机械问题。

确定欠产井的方法是绘制平面图。因为每口井的生产能力可用三维映象平面图,以帮助识别实际生产能力低于生产潜力的井(候选井)。对于油井来说,每口井的采油指数、单位厚度的采油指数、日产量、渗透率与厚度的乘积、单位油藏孔隙度的产量与厚度的乘积或表皮系数可分别制成图。

井进行增产的界限是实际产量低于理论产量的 75%。因为理论产量的计算未考虑生产油管或分隔装置对产量的影响,这个界限只应该作为一个大体指标。对于低渗或低压井,从经济效益的角度来说,某些情况下进行基质增产可能并不经济,此时进行压裂可能是最佳的措施。

2. 计算公式

(1)油层损害后渗透率的计算公式为:

$$\bar{K} = 1.842 \times 10^{-3} \times \frac{q\mu B \left[\ln\left(\frac{r_e}{r_w}\right) - \frac{3}{4}\right]}{(\bar{p} - p_{wi})h} \tag{3-3}$$

式中:$\bar{K}$ ——油井附近损害的平均渗透率;

q ——日注水量;

μ ——流体的黏度;

B——流体体积系数；

r_e——油水井控制半径；

r_w——井眼半径；

$\bar{p}$——地层压力；

p_{wi}——井底压力；

h——油层厚度。

（2）表皮系数的计算公式为：

$$S = \left(\frac{K}{\bar{K}} - 1\right) \times \left[\ln\left(\frac{r_e}{r_w}\right) - \frac{3}{4}\right] \tag{3-4}$$

式中：K——岩心分析油测定的该井地层渗透率；

$\bar{K}$——油水井附近损害的平均渗透率，由稳定试井测出。

其他符号意义同前。

（3）附加压降的计算公式为：

$$\Delta p_s = \frac{1.842 \times 10^{-3} q\mu BS}{Kh} \tag{3-5}$$

式中：K——未损害地层渗透率；

　q——井地面产量；

　B——流体体积系数；

　h——油层有效厚度；

　μ——流体黏度。

（4）流动效率的计算公式为：

$$FE = \frac{p_e - p_{wf} - \Delta p_S}{p_e - p_{wf}} \tag{3-6}$$

式中：p_e——地层静压力；

　p_{wf}——井底流动压力。

（5）理想井的井底流压的计算公式为：

$$p'_{wf} = \bar{p}_e - FE(\bar{p}_e - p_{wf}) \tag{3-7}$$

式中：p'_{wf}——$FE = 1$ 时的理想井底流压；

　$\bar{p}_e$——平均地层压力；

　FE——流动效率；

　p_{wf}——$FE(PE \neq 0)$ 下的实际井底流压。

（6）理想产量的计算公式为：

$$q_{m}\big|_{FE-1} = \frac{q_{0}\big|_{FE-1}}{1 - 0.2\left(\dfrac{p'_{wf-1}}{p_{e}}\right) - 0.8\left(\dfrac{p'_{wf}}{p_{e}}\right)^{2}} \tag{3-8}$$

式中：FE——流动效率，$FE=1$ 时为未受到损害的完善井；

$\quad p_{e}$——地层压力（或平均地层压力 $\overline{p}_{e}$ 下）；

$\quad q_{0}$——p_{wf} 压力下的产量；

$\quad q_{m}$——在 $p_{wf}=0$ 时的最大理论产量（无阻流量）。

（7）计算实际产量与理论产量之间的比值为：

$$a = \frac{Q_{理论}}{Q_{实际}} \times 100\% \tag{3-9}$$

如果计算出的 $a<75\%$，则确定该井为欠产井；如果 $a>75\%$，则确定该井为非欠产井，不需要进行有关计算，需重新选择待解堵的井。

（二）油层损害的描述及处理对策

1. 油层损害的描述

一旦井的产能低于潜在产能，就必须评估产能降低的原因和位置。诊断应基于井和油田历史拟合、油田采出堵塞物样品、油藏矿物及流体（例如水和油）的特征资料，除此之外还有压力测试和测井评价。根据可得到的资料辨认出产能受损的原因。大部分情况下不可能完全描述损害的特征，如果诊断不确定，则建议对可能的原因按可能性排序，并针对最可能的那些情况进行施工设计，这样，可以假设多个损害类型，并全盘考虑在施工设计中。

在油水井解堵系统的解堵井筛选的下一步是确定油层损害的特征。可以用实验室实验、测井及井史来确定损害特征。要通过可得数据列出损害的所有可能形式，而且必须要细致地研究。

收集生产过程中的所有可得信息，这些信息包括钻井记录、油藏特征、钻井液和完井液方面的资料，同时分析井产出的流体样品和固体样品。取自井的液体和固体样品的化学分析有助于研究损害的机理和损害特征。

确定损害特征还需详细评价井史。增产处理设计的基础是油层的损害特征，然后用化学剂去除预计的损害或能引起损害的物质。正确的油层损害情况描述是基质增产成功的关键。

2. 油层损害的处理对策

一旦油层损害和损害原因被确认，就能采用正确的解堵处理措施。由于大多数油水井作业过程（钻井、完井、修井、生产和改造）都是损害的一个潜在来源，所以，在一口井中往往多种损害类型共存。

在砂岩中基液处理的效率主要取决于影响产能或注水能力的损害的解除。通常使用压力瞬时分析来评估损害程度。损害的物理特征，决定了解堵处理液体的类型。不管是什么引起的损害，所选择的液体都要能用来处理同种损害类型。

当地层损害已经降低了井的产能时，虽然使用深穿透的重复射孔可能是一种解除油层低损害的方法，但基质酸化通常是较好的处理方法。一般来说，地层损害与井筒周围的岩石骨架部分堵塞有关。基质酸化的目的是解除油层损害，或者改善油层，如酸蚀孔洞。当基质酸化或重复射孔不可行时，则选用一个小型加砂压裂处理措施。

通过在"基质"（低于破裂压力）排量和压力下，向油层孔隙中注入反应流体来消除油层损害。在相对低的排量和压力下，此措施消除近井地带的损害是可行的。通过限制排量来防止地层破裂，以便向损害带后面滤失处理液。

HCl、HF 或其他无机酸等，通常被用来溶解某些损害物质、岩石成分或者同时溶解这两种物质。即选用一种特定体系的酸泵入地层，恢复近井地带渗透率（砂岩）或增加岩石渗透率（碳酸盐岩）。

（三）增产技术的选择

增产技术的选择应基于产能目标、岩性和其他各种考虑因素，其中产能目标决定增产技术的选择。如在一个砂岩油藏，哪个将表皮系数降低 90% 就可实现产能目标，则基质增产可能是具有最大经济效益的技术。如果基质增产不能达到要求，则应考虑水力压裂。

对于碳酸盐岩油藏，可采用酸压、加砂压裂和基岩酸化技术。如果基岩酸化能使表皮系数最终降到 $-2 \sim -3$，则基岩酸化可能是经济效益最好的技术。

工程人员在确定井的产量比估计的低，又确定提高生产能力获得的产值和低产的原因之后就应确定补救措施。作这一决定时必须考虑整个生产过程。如果是井的设计或操作（如管柱尺寸或人工举升）存在问题，则不需要增产措施，而应该提高设备的级别或进行修理。必须平衡目的井的产能，也就是产量不可能高于管柱或提升设备能传递的量，也不可能高于设备的能力。也必须考虑表皮系数对经济效益的影响。

对于砂岩将表皮系数降到原来的 10％,碳酸盐岩将表皮系数降到 −2～−3 就能达到产能目标,基岩酸化是满足要求的并可能产生有效的经济效益的方法。否则,对于砂岩油藏,可选的增产技术只有水力压裂。对于碳酸盐岩油藏(石灰岩或白云岩),酸压是在经济上有效提高产能的方式。在传统压裂中,裂缝的导流能力通过用高渗透性的支撑剂支撑裂缝来维持,而在酸压中则通过岩石壁面的均匀刻蚀产生导流能力。

还有其他因素影响增产技术的选择。对于疏松或易碎砂岩,在地层投产前,建议测定允许的最大生产压差,存在压差限制时应选择压裂增产,因为压裂后在低生产压差下就能实现目标产量。另外,要层间隔离就不能选择压裂增产。如果不能控制垂直裂缝扩展进入含水层或气顶,则应使用基质酸化。工程人员在做施工设计前必须确定数据采集内容。

(四)施工设计

一个典型的砂岩酸化处理过程首先应注入 $0.62\text{m}^3/\text{m}$ 的盐酸前置液,随后注入 $0.62～2.48\text{m}^3/\text{m}$ 的盐酸氢氟酸,然后采用柴油、盐水或盐酸后置液将盐酸氢氟酸顶替出油管或井筒。一旦施工完成,残酸应当立即返排以减少反应沉淀生成污染。

一次砂岩酸化过程首先要选择酸液的类型和浓度,其次要确定前置液、盐酸氢氟酸和后置液用量、注入排量。在所有酸化处理中,挤酸是一个重要的过程,需要仔细设计以确保酸与地层中所有产层接触。合适的施工是酸化成功的关键,以及将酸挤入地层的设备安排和监测方法。最后,需要向酸液中加入不同的添加剂。酸化中添加剂的类型和数量必须依据完井、地层和油藏流体而定。

砂岩酸化过程中酸液的类型和强度(浓度)是基于现场经验和地层特性选定的。多年来,砂岩酸化的基础配方由 15％盐酸前置液、12％盐酸、3％氢氟酸组成。近年来,酸化向着低浓度氢氟酸方向发展,因为低浓度氢氟酸减少了残酸中沉淀的损害和近井地带地层的出砂。总之,污染物质必须在酸液中可溶。如果地层污染物的组成确定,则可用地化模型指导酸液的选择。

可利用两种非压裂处理方法提高油气井的产量:一种是使用化学药剂或机械方法清洗井筒;另一种是基质增产技术,向地层注入流体以处理近井区域。

1. 清洗井筒

井筒清洗一般是为了清除油管、套管和砾石充填筛管中的垢、蜡、细菌和其他物质。这些处理一般是将酸或溶剂置入井筒区域并浸泡,处理设计的关键参数是置放技术、化学剂的选择和浸泡时间。

保证合理地置放使用的机械装置包括封隔器、桥塞、弹簧加压局部控制阀和连续油管。机械装置在减少处理液的用量中起关键作用。处理设计时应考虑处理液与顶替液或控制液间的密度差异,以保证溶液与损害物的接触时间与要求的浸泡时间一致。而且设计时不能假设浸泡时井保持为静态(无窜流)。

选择化学药剂的依据是它们能有效地溶解损害物。通过在井底温度下的实验确定必要的浸泡时间(最好是压力也等于井底压力)。用连续油管进行搅动或喷射可加速损害物的去除。对于低压井,推荐用氮气促进处理液作用完后的返排。

2. 基质增产技术

基质增产是在低于破裂压力下沿油管、钻杆或连续油管注入流体,注入的流体通常为一系列的几种流体,并且分阶段注入。处理液最少应包括前置液、主处理液和后置液。前置液为非损害的、非反应性流体,后置液的作用是替换井筒中的主处理液并将其顶入近井区域。在大多数处理中,为提高处理的有效性,还需注入辅助性流体。

3. 处理液的选择

井产能降低的原因和损害物所处位置的识别可指导施工设计过程。选择能溶解或分散损害物质,或者在碳酸盐油气层产生一条高导流通道穿过污染区的化学液体作为增产液。施工液体系的选择应基于现场实践和实验室的测试,也可从专家系统中得到。

如果从化学方面不能去除损害物,则可采用小型压裂施工。选用化学添加剂、前置液和顶替液是为了提高主处理液的作用,防止酸腐蚀和增产措施过程中的副产物降低产能。

处理液选择是工艺过程中的重要一步。多种液体(液体体系)的选择决定于岩性、损害机理和井的条件,处理液由基液和添加剂组成,处理过程中的各种液体有特定的作用。尽管处理液的选择过程复杂[这是由于处理液的选择包含的参数较多(如损害类型、矿物成分)〕,但我们也建立了能简化此过程并提高施工成功率的指导方法。

(1)主处理液的选择。对于砂岩地层,主处理液的作用是溶解或分散主要损害物并使可溶产物或固体从井中流出。而对于碳酸盐岩地层,其目的是用酸旁通损害物或用溶剂溶解损害物。主处理液中的化学剂可分为以下种类:

一是溶剂。去除有机沉淀(如蜡)。

二是氧化剂。去除高分子类损害物。

三是除垢剂。去除硫酸盐或氧化物垢。

四是酸。去除碳酸盐和氧化物垢,分解高分子沉积物或使碳酸盐地层增产。

五是氢氟酸。去除砂岩地层的硅铝酸盐损害物(主要为黏土)。

如果认为有几种损害物,则可使用几种主处理液或组合具有不同功能的成分为一种液体。但是,在组合流体和不同功能的化学剂时,应保持各自的有效性并避免不配伍现象。

当存在有机沉淀时,应选用有机溶剂。若可能,则应先在实验室用沉淀物样品评价溶剂(各种氧化剂可分解钻井或完井等过程中引入的高分子);另外,还须评价其他液体成分。各种材料和地层矿物对氧化剂的作用同样可在实验室用垢样评价垢的去除剂,浸泡时间和化学剂浓度可通过试验进行优化。这些增产措施的缺点是它们仅对有限范围的损害物起作用,如果损害诊断不能完全正确,则应采用有多种功效的处理方法。

用酸增产可去除或旁通各种损害物。当用来清除碳酸盐垢或高分子沉积物时,酸与前面论述的处理液的作用相似。酸也可用来改善油藏的近井区域。对于碳酸盐岩地层,用盐酸或有机酸(甲酸或乙酸)在井筒和地层可刻蚀导流通道。而对于砂岩地层,用盐酸和氢氟酸(土酸)的混合物可清除钻井液、地层微粒、钻井中产生的微粒和射孔产生的沉积物等。

因为酸可有效解除几种类型的损害,而且不昂贵,所以它们常大量用于基质增产处理中。

(2)基质酸化的液体配方。基质酸化配方设计包括主体酸的选择和确定是否需要前置液和后置液。液体的选择决定于损害物类型、岩性学、矿物学和井的类型,还决定于现场经验和实验室经验,也可从专家系统得到。油井的处理比气井的处理更困难,因为油井存在乳化、酸渣和润湿性问题。要清除损害物,处理液必须首先与损害物紧密接触。要紧密接触,地层应为水润湿且从孔喉中将油驱替。故油井酸化时用的前置液应为有机溶剂,或表面活性剂,或互溶剂的氯化铵溶液,这样就可从井筒区域驱走重烃并使地层变为水润湿性。

主体酸的配方决定于增产地层的类型,配方设计的指导是基于酸和矿物反应的化学特征。

4.泵入方案的设计和模拟

每一种材料泵入的体积是基于对损害物量的评价和对施工深度的要求。

在设计了施工的用液量、配方和顺序后,就可以根据井和油藏的特征设计一个施工泵序。然而由于酸化会降低地层的强度,对于不是砾石充填的井,酸的强度和用量存在一个上限。泵入方案包括处理液和转向剂顺序及每一步的注入排量,设计方案可利用油田先前的施工得到的经验规律,另外为满足各种流体类型的特定目的,可应用单相流油藏模型优化泵入方案。

一种已被现场确认的增产措施模拟模型应当用于基质增产处理中的系统工程学。数学模拟模型可用来预测拟定泵入方案对损害的解除和评估表皮系数的变化、流动剖面和井口及井底压力随注入排量的变化。在模拟中应该考虑使用置放技术时的化学作用和损害物的清除。人们可通过进一步微调或优化施工方案以得到预期最好的经济效益。因为模拟中的关键参数不可能在实验室准确确定,所以模拟器只适合预测趋势。结合现场数据比较,改进模拟模型,以便在未来的设计工作中应用。

(五)基质酸化施工参数的设计

通常人们不重视现场施工,但它在整个过程中却是十分关键的。我们必须监测施工材料、维护设备,以便施工顺利地进行,并满足设计的要求。

1.基质酸化施工步骤

基质酸化是在低于破裂压力下将酸注入地层,消除地层污染和恢复或提高地层渗透率的过程。建议用以下步骤进行施工设计:

(1)评估安全的注入压力。确定目前的破裂压力梯度,确定目前井底破裂压力,确定井底和地面允许的安全泵入压力。

(2)评价安全注入自由污染地层中的量。

(3)评价污染地层的安全注入排量。

(4)根据流体配伍性选择步骤。

（5）计算每一步需要的用量：原油的顶替、地层盐水顶替、盐酸阶段和醋酸阶段、土酸阶段、后冲洗液阶段。

（6）根据地层矿物选择酸的浓度。

2. 基质酸化施工返排

在基质酸化施工时，正确的返排过程的选择是很关键的。在多相瞬态流时期，返排能产生不可恢复的污染。解决砂岩地层返排的关键因素如下：

（1）返排液体比注入液体有更高的黏度。它们在低速下能使地层微粒和部分溶解的固体运移。这些固体在井完全返排前产生污染。

（2）残酸常比地层水有更高的密度。油压低于地层产水时的压力，其原因在于残酸的液柱压力更高。

（3）残酸建立了潜在沉淀的平衡，通过溶解气体和溶解盐保持这一平衡。如果这些气体从残酸中分离出来，结果会产生一个过大的压力降，因此产生沉淀。

（4）对液体返排来说，需要最小速度来避免油管的滑脱效应的产生。计算排量和泵压应考虑更高的流体密度。流量应逐渐建立而不是迅速提高，以避免在地层中产生沉淀。保持流量稳定到所有注入流体都返排出来，油压和产量都是稳定的。当压力和流量稳定时，采用逐渐变化的油嘴以了解酸化对地层和完井的影响。

（5）注入冲洗液之后，氢氟酸体系应该立即返排。随着盐酸反应和 pH 值的增加，将产生沉淀。如果酸迅速返排，pH 值的改变还没有到达产生沉淀的范围。在 pH 值增加时，许多铁沉淀将产生。但是，氟硼酸酸化是例外。需要根据温度情况关井以产生氢氟酸和稳定微粒。

（6）被注入的主要添加剂最后都要返排。因为酸化添加剂是水溶性的，它们部分溶解在水相中。这将产生分离和悬浮的设备问题。返排流体也是酸性的，在分离的设备中，它们能产生电化学检测设备的问题。

（六）现场实施和处理评估

1. 现场实施

现场施工（泵注操作）必须按施工设计或现场指挥人员的要求进行。在施工过程中，质量控制和数据采集是非常重要的。

（1）质量控制。对于增产作用，常规的质量控制监测包括：①酸的现场滴定,以核对浓度;②服务公司提供的每一批或多批缓蚀剂的例行质量控制试验;③确认所提供的表面活性剂在给定浓度下的性能;④现场测试用作转向剂的稠化剂的黏度(碳酸盐岩);⑤颗粒转向剂的颗粒大小和溶解性的常规试验;⑥增产施工过程中,对注入液进行取样,保留样品直到施工的后评估。

(2)数据采集。施工过程中,仔细记录每一个过程,包括操作人员的异常发现。施工过程中可获得的基本信息包括压力、温度和排量记录等。

首先测量静水柱的井口压力,然后减去静流体柱的流体静压力,就可得到井底施工压力。静流体柱一般在环空中,即在油管与套管或连续油管与油管的环空中。

施工前可测定温度剖面,施工后液体需测定温度剖面,以定量各区域间处理液的覆盖效果。

2.处理评估

尽管在井层选择过程中进行了经济预分析,但是施工设计完成后仍应进行经济评价。根据原始和(或)最终的表皮系数,利用产量预测模块,预测生产动态,并确定投资回收期、经济净现值、现金流量以及其他金融财务指标,以评价经济的合理性。

作业评估由施工前、实时和施工后三个阶段的评估组成。每一阶段的评估对施工的成功和增产措施的经济效果都是非常重要的。另外还应进行技术评估,以证实和校准井层选择、施工设计和施工中应用的和假设的模型。施工评估使用的评价工具和井生产潜能的知识与井层选择时所用的相同。

(1)施工前评价。增产作业前可进行系统试井,测量油藏压力、渗透率和表皮系数等。利用系统试井资料提高实时评价的准确度。

(2)实时评估。近来,已发展了确定处理过程中表皮系数变化的技术,该技术是一种实用的实时诊断工具。例如,如果在注盐酸时,表皮系数降低了,则表明是酸可溶物(如碳酸钙氧化物,碳酸铁/氧化物)引起了损害。得到这一信息后,再结合井史、室内试验等即可提高对现有问题的认识和帮助将来的工作。

(3)施工后评估。增产效果的评价过程类似于井的动态评价,这里主要应用于施工完后处理液的返排及之后的生产评价。

酸化后,若发现开始生产产量较高,自喷油压也较高,则初步表明酸化成功。同时对返排液进行取样,取样分析可分析处理液和地层原油的配伍性,其水样分析可表征处理液选择的正确性(如用 HF 酸化时的沉淀问题)。

增产作业后,井应进行压力恢复等测试,这些数据可对井和油藏特征进行定量评估。将这些数据与增产作业前的压力恢复结果对比,可评价增产作业是否成功。

然后应根据销售进行评价。若酸化使井的产油量在较长时间内比酸化前高,且如果增加的产量带来的收入在除去增产费用之后可接受,则认为施工是成功的。

还应评价总的流体产量(油、气、水)在油藏条件下的体积变化,以及气油比和水油比。如把酸化中的失败例子进行分析,则可为今后改善工作提供所需的资料。利用这些资料也可鉴别出改善油田生产的别的方法,如堵水或堵气;同时可由最近酸化井的评价数据提高油藏的管理水平。

最后施工应根据井的动态和用来判别施工的经济参数进行评价,讨论的参数包括产量、井底流压、油层参数、人工举升动态和设备动态等。

使用现场数据可评价设计和实际施工间的差异。若再运用计算机软件(运算数字模拟器)并输入实际施工参数,则可通过调整油层参数来校准模型直至计算结果与实际施工结果一致。油层参数包括损害半径、各层的渗透率、各层的表皮系数、损害物组成等。

利用电缆测井和放射性示踪剂、γ 射线能谱测试的组合可定量层间的覆盖率。γ 射线能谱测试的应用条件为测定的 γ 射线的能量和强度能区分多种示踪剂。当然,在计划增产时就应做出示踪剂和基线测井的决定。还应作压力不稳定试井,如压力恢复或四点法试井,对渗透率和表皮系数进行定量。这样,就具备了显著提高基质增产成功率的各种评价工具。应用校正的模型可对将来的井或油田的施工设计进行优化。

如果设计、施工和评价都正确,则我们可从增产作业了解到井和油藏的当前情况。另外,通过增产作业也能识别出提高经济效益的其他方法。

二、薄互层低渗透油层损害的诊断技术

（一）油水井损害矿场诊断与经验诊断技术

1.油气层损害的矿场诊断技术

（1）利用生产数据诊断油气层损害程度——表皮系数的计算。可通过稳定试井资料计算油层的表皮系数，也就是说，在已知某井的日注水量或产液量、井底压力、平均地层压力、油层厚度、油水井控制半径、井眼半径、流体黏度、体积系数的条件下，可计算出该井的表皮系数 S。

（2）根据油水井注水量（产液量）变化进行诊断。

一是油水井注水量（产液量）递减曲线分析。根据油水井历年来的注水量（产液量）变化进行分析诊断，首先判断该井是否有损害，因为在同一工作制度下，油水井注水量（产液量）的递减有自然递减、油气层损害导致的递减等，然后再分析在某一环节是否产生了油气层损害及其油气层损害的类型和原因等，具体步骤如下：

收集某油水井从注水、生产以来在不同日期的注水量（产液量）变化（以月、季度或半年为一个时间单位来进行统计）。

收集在该期间所采取的一系列措施。

绘制注水量（产液量）与时间之间的关系曲线。

判断该油气层是否有损害。如果实际注水量（产液量）曲线出现了异常递减，则证明该油水井存在油气层损害；反之，则证明该油水井不存在油气层损害。

判断是否是因作业措施而导致的油气层损害。分析措施前后注水量（产液量）的变化，如果措施前的注水量（产液量）明显高于措施后的注水量（产液量），则证明该措施导致了油气层损害。如果措施前的注水量（产液量）明显低于或略低于措施后的注水量（产液量），则证明该措施未导致油气层损害或只导致了很轻微的损害。

如果实际注水量（产液量）递减曲线是平缓下降的，且自然递减曲线高于实际注水量（产液量）曲线，则证明该油水井在注水过程中存在油气层损害，且不是在生产过程中的措施不当而导致的油气层损害，从而应进一步分析其损害的原因。

二是与邻井动态数据对比分析。邻井动态对比方法就是将所研究的井与目的层相同且地层系数也相同的其他邻井进行注水量对比,若所研究的井的注水量出现异常递减时,则可能发生了地层损害。通过分析研究井和邻井注水量与时间的半对数图,便可比较它们的注水量递减率,若研究井表现出更高的递减率,则很可能存在地层损害。

2. 油气层损害的经验诊断技术

(1)不稳定地层。胶结不好的或将要在压力下破坏的任何地层都能发生,产水或衰竭的压力损失的地方也可能产生,包括支撑剂嵌入、酸蚀裂缝信道闭合、地层剥落岩屑进入孔眼或井筒、出砂等问题。

补救措施:砾石充填;裂缝充填;塑料固结或限产。

(2)油基钻井液乳化伤害。常见于用油基钻井液(油基泥浆)钻的井;如果在磺酸盐乳化剂冲洗因生产或溶剂措施而产生的岩屑之前使用酸或盐水处理,则乳化物能堵塞井;当更多钻井液或滤液回流向井筒时,开始的一或两种处理方法可能出现有效期短的问题,这种情况常见于天然裂缝地层。

补救措施:在互溶剂和酸处理之后用芳香烃溶剂冲洗,也许几种处理方法综合运用清除岩屑是重要的。

(3)裂缝被钻井液堵塞。大量钻井液漏失入天然裂缝地层;以低或中等产量间歇生产;全部钻井液或钻井液微粒的少量采出。

补救措施:近井伤害,用酸化有利。若裂缝被钻井液堵塞程度深,则采用压裂;可通过提高固体回收率来防止裂缝被钻井液堵塞。

(4)钻井和完井过程中微粒伤害。恢复试井获得的表皮系数;注入困难;油井中可见乳化物;固井前的差钻井液处理;常见于裸眼完井和水平井中。

补救措施:采用 HCl 或 HCl＋HF 的基质酸化;用油基钻井液钻的井酸化前用溶剂冲洗;泡沫或喷射清洗。

(5)射孔质量差。恢复试井获得的伤害,但不能用酸或改变机械方法来消除;通常问题是裂缝脱砂、井下出现垢、不稳定乳化物、井下石蜡和沥青沉积。

补救措施:重复射孔;一口不能压开的或者甚至是注不进的伤害问题的井,可以用重复射孔来处理。

(6)水泥进入天然裂缝。消除了可能的孔眼问题,完井后井的产量很低。

补救措施:小型压裂或侧钻。

（7）微粒运移。高岭石、纤维状伊利石黏土或一些长石（非黏土）；盐水改变可能引发微粒运移；产量不规则降低；变化产量测试；出液中的微粒；少量但可能出现乳化物。

补救措施：控制黏土来预防；用缓速酸来消除；在特殊情况下或压裂施工或使用限制排量来降低压力降落。

（8）增产措施后的微粒伤害。当酸化、压裂或修井使用脏水，或者水是用不干净的罐运输或储存时都可能产生伤害。

补救措施：过滤处理液；使用干净的罐。

（9）注水中颗粒。注入速度降低；注入压力升高；回流液中有颗粒和油。

补救措施：用优质过滤水。

（10）润湿性问题。注入前缓蚀剂不在酸中分散，酸化后通常会发生；常见乳化物和降低产量，特别是抑制剂损失或与油基钻井液接触后，伤害可能是永久的，但随着时间和流动会慢慢清除；试图逆转自然润湿性的效果通常是短暂的；天然润湿性可通过产出液中表面活性剂进行测度。

补救措施：用互溶剂冲洗、驱替或浸泡产层。

（11）相对渗透率问题。当油被注入气层或气体注入低于泡点压力的油层时可能发生。

补救措施：用高 API 重度的溶剂如凝析油或二甲苯（低闪点）处理；挤入后采出。

（12）压井液返出率低。通常与地层相关；严重时降低产量或导致排液时间变长；小孔隙或微孔隙黏土的地层最易发生。

补救措施：避免或减少与水接触，降低水的表面张力来防止；用酒精或某些表面活性剂清除。

（13）水锁。常见于孔喉小的气井，使用的水未经处理的低压地层；若是低压（小于约 4.5243kPa/m），孔喉尺寸对它没有影响。

补救措施：用酒精或低表面张力的表面活性剂处理；在气藏中注入气直到注入气距离井筒 3.048m。

（14）膨胀黏土。蒙脱石黏土，一些伊利石和蒙脱石黏土夹层；渗透率对改变水的矿化度和盐水类型敏感。

补救措施：用 HCl＋HF 酸化。

（15）微孔隙（水束缚）。某些黏土引起；结合水并使不产水的井的测井曲线有较高的显示。

（16）反凝析。这种相对渗透率效应的特例是从富气形成的冷凝液（液相);如果在油管或套管中形成凝析物,则液面会上升;如果在地层中形成凝析物,则液相的产生将降低气体的渗透率;近井筒中压力降落通常会发生。

补救措施:控制油藏压降和补充油藏压力;如果在管中形成,则重新设计油管。

(17)管柱中石蜡沉积。管中压力限制;当压力降落时,发现由软变硬的物质;颜色上由棕红色变黑色,白的或灰的也可能;当油冷却时达到蚀点,近表面的油管中也常出现;作为一个油田年代,其伤害问题可能增加;大多数石蜡在熔点或小于 65℃ 时沉积。

补救措施:刮削或切削以机械清除;距表面距离小于 100m 的沉积可用热油处理;深部沉积物用溶剂浸泡;抑制剂用于管道和某些问题井;一些井要求用"小直径管柱"连续井下处理;特殊细菌对清除有用。

(18)流动管线中的石蜡沉积。地面流动管线和设备中出现软变硬沉积物(不是垢);当暴露于足够热的地方(通常大约 65℃),石蜡熔化。

补救措施:机械或溶剂清除或清管;使用抑制剂。

(19)增产后的石蜡。增产措施注入冷液体时,可在与油藏接触的地方沉淀石蜡;尽管压井液返排很快,但增产措施后井被清洁得缓慢;如果应用多种恢复测试,则可能降低表皮系数。

补救措施:允许井被清洁到原来情况;当确定这个问题发生时,酸化前用二甲苯预冲洗来防止。

(20)地层中石蜡沉积。从试井获得的表皮系数可以确定;如关井几天,也许石蜡能消失;油的蚀点接近油藏温度;压力降落可以促使石蜡析出。

补救措施:若井是好的生产井,则用井下生热工序处理;可使用溶剂浸泡;某些缓蚀剂与压裂一起使用。

(21)沥青沉积。形成软或硬的黑色聚集物,如片状、淤泥状或玻璃珠大小的球状物和条状,与石蜡一起沉积,与酸接触、脱气、泵中剪切、带电的金属表面、温度降低及二氧化碳引起的不稳定软沥青树脂产生的沉淀;沥青质随温度增加(>65℃)变软但不熔化。

补救措施:用芳香族溶剂如二甲苯和甲苯处理;某些表面活性剂有利于分散沥青团;在沥青含量大于 0.5% 的油藏中使用防垢剂或酸与二甲苯的组合以防止堵塞。

(22)焦油。在生产过程中油缓慢流向孔眼;通常和接近产层的焦油沉积或典型高沥青地层有关;可能包含一些束缚水,作为微滴或"口袋"存在于高黏度块状物中。

补救措施:要求溶剂浸泡;实施措施前用焦油样品进行溶剂试验;加热经常有帮助。

(23)乳化物。打破标准的不稳定的乳状物;从泵到阀门的管道系统中,在油管压力降落点可能产生乳化物。

补救措施:建议在井下不处理;若管柱设计不实用,则在地面处理。

(24)粉砂稳定的乳化物。在界面处理带有部分润湿微粒时出现;常见于钻井液分散,或用酸清除钻井液或水泥微粒后;清除聚合物时也可能出现;常见于生产的疏松地层,特别是酸化或砾石充填操作之后。

补救措施:用互溶剂或酸处理;如果可能,清除井下固体源。

(25)表面活性剂稳定的乳状物。使高稳定性乳化物稳定;酸处理后通常很严重;在液滴界面可以看见稳定表皮。

补救措施:如果乳化物是临时的,则处理其表面;在下次酸处理时使用互溶剂或表面活性剂来防止乳化物形成。

(26)淤泥(铁/沥青)。淤泥是指靠近固体的乳化物;可能由酸、油基钻井液、沥青或铁化合物引起;淤泥分散于二甲苯中并散析成化合物,特别是铁。

补救措施:预防是最好的处理方法;使用不生成酸渣的酸系统,在预计存在铁的井中进行测试。

(27)细菌的出没。在用地面水或产出水注入的注水井通常可遇见这个问题;如果水处理系统中形成了一批细菌,则它们能随任何水的注入而出现;起出油管时,存在棕色至黑色的黏状物质或一种有 H_2S 气味的气体;细菌能导致整个油田注水能力缓慢降低;完全清除细菌几乎是不可能的;处理方法通常建立在补救基础上;使用未处理的水处理;钻井液或注入水能在带有硫酸盐还原菌的油藏中发酵。

补救措施:在 HCl 处理之后用次氯酸钠处理(不允许 HCl 与次氯酸钠接触);可能需要多种处理方法综合运用;交换注入二氧化氯和杀菌剂处理。

(28)碳酸钙垢。压降引起垢在管道或地层中形成;可以快速形成并能大大限制生产,特别是在砾石充填界面或在孔眼附近形成,孔眼的压降大;在某些油田,当压降很严重时,或许多见于早期阶段;通常没有晶体网阵。

补救措施:用 HCl 去清除,用抑制剂去预防;为了长期保护有效,应向地层注入抑制剂;在极少例子中,某些 HCl 处理可引起碳酸钙垢沉淀,如果这是一个问题,则用缓速酸或 EDTA 处理。

(29)硫酸钙垢。通常在紊流诱导的压降处形成;最常见于高硫酸盐水与高钙水接触处；垢是酸不溶物质；或许发现于泵外、泵入口处及气体排出口、井下阀等处；晶体是这种垢的特征。

补救措施：酸化后用化学转化器或溶解装置来处理（酸不与转化器和酸溶解装置接触）；单独用酸不起作用；挤入抑制剂可预防。

（30）硫酸钡垢。在压力降落时或脱气处形成非反应垢；在许多沉积物中，不容易形成晶体点阵；在放射性同位素形成的晶格区域里可以出现常规垢。

补救措施：刮擦、水冲或其他机械补救方法；如果垢是一种几乎纯（＞90％）的沉积物或是管中原沉积物时，则用化学处理通常不可能清除；用抑垢剂能预防。

（31）碳酸铁垢。铁浓度高时碳酸盐具有结垢趋势；褐色垢（已除油）。

补救措施：薄的沉积物可用 HCl 处理，或者在可能存在的地方用机械方法消除。

（32）硫化铁垢。致密的、相对密度大的硬垢；很多垢是不溶于酸的；某些垢具有强磁铁性。

补救措施：用磨铣或切割来机械清除；水力喷射可能无效。

（33）盐。在管中或地层中出现白色沉淀物；通常与过饱和水冷却有关，但也可由压降引起；在一些井的早期可能见到，但在含水率上升后就是不严重的伤害问题；产出水矿化度接近饱和度易出现此问题。

补救措施：用淡水或低浓度的盐水冲洗。

（34）气井中的水化物（冰）。间歇自喷至几乎关井的气井，在几分钟后又开始自喷；产出少量的水。

补救措施：在低于水化点注入乙二醇或酒精；用隔离的气门或油管。

（35）油井中的水化物。北极区域油井中的钻井液管线常发生；也可形成于钻井液中。

补救措施：用隔离的隔水管。

（36）孔眼中沉积。高表皮系数；只能以低排量注入的井；重复射孔可以显示产量的大幅增加。

补救措施：清除或重复射孔。

（37）套管中淤积。高表皮系数；很难或不能注入的井；在恢复试井中部分淤积显示表皮系数，但以较低的排量可以注入；用电缆线上的加重杆来确认。

补救措施：反循环或正循环洗井。

（38）水锥进。过渡生产后开始产水；没有垂向渗透率遮挡的地层，以及足够的垂向渗透率允许水向降落的方向流动。

补救措施：限制产量；某些措施或许暂有用；无自然遮挡层的油藏多数控制水的措施无效。

（39）注水突破高渗带。将产出水分析与注入水识别结果相比较；观察垢。

补救措施：当高渗带结束采油后，它应该用引发剂或发生器堵住（堵的深度大于 30.48m）。

（40）坍塌的管道。可以当降低产量或举升系统破坏时表现出来；用电缆或油管上的内径仪检查；常见原因是随着液体和砂采出的产层下沉所引起的地层移动、活断层和靠近盐层的地层运移；其他的原因包括严重腐蚀、性能不良的射孔枪、管道裂纹钻及钻井或举升系统中的管道磨损。

补救措施：如果是地层移动力引起，则用重管道或多管柱；用衬管、水泥和补贴管来修理。

（41）油管问题。尽管用溶解气来提供足够压力，但井仍不流动；井可能过载或枯竭，如果管柱太大，则液体段塞可能被采出；如果油管太小，则产量被摩阻限制。

补救措施：重新设计管柱；如果油管太大，则存在于油管内部的管柱可能有利于解决问题。

（42）漏失。气油比、水油比、压力或水的化学成分突然变化。

补救措施：修复；考虑腐蚀控制程序。

（二）油水井堵塞机理数学模型诊断技术研究

在油气田的开发过程中，油水井由于经历钻井、完井、射孔、试油、测试、增产措施、修井、注水等工艺环节，使得油水井近井地带受到阶段性或持续性的污染或伤害。这些污染和伤害可能是由物理、化学、物理化学和生物化学等因素引起的，造成油气层污染的因素和环节有时会集中体现在一口井上，有时则部分地出现在另一口井上。而油水井也是如此。目前，国内外专家、学者在分析这类问题时基本上是利用渗流力学、物理化学、油层物理、岩石矿物学等方面的知识。

我们在以前研究的基础上，利用室内实验资料和理论研究等来系统分析油水井污染，定量化判别各种因素对油水井造成的伤害。

1. 油气层损害程度的确定

在注水或采油过程中,会有多种原因导致油层渗透率降低,即导致油气层损害,该损害程度常用表皮系数来定量表示。在矿场,该表皮系数值通常采用试井测试资料得到。此外,我们还可根据不同注入流量或采液量下的井底注入压力或井底流压得到。

2. 各污染因素与表皮系数的关系

导致油气层损害的因素是多种多样的,如水敏、速敏、酸敏、结垢、固相颗粒侵入、细菌堵塞、浮油等。

只要知道各损害因素导致油气层损害前后的渗透率值,就可以进一步得到各损害因素导致的损害程度在总损害程度中所占的百分数。

(1)注入液中固相颗粒导致的表皮系数的计算。

经过理论分析可得到侵入深度 D 的计算式为:

$$D = r_w \times \left[1 - \frac{1}{\gamma} \ln \frac{0.02\alpha}{(1-\alpha) \times 2\gamma \ln \frac{r_e}{r_w}} \right]^{0.5} - r_w \qquad (3\text{-}10)$$

其中:

$$\alpha = \frac{\left(\frac{q}{-\Delta t}\right)_{t-t}}{\left(\frac{q}{-\Delta t}\right)_{t=0}}, \gamma = \frac{\pi r_w^2 h \lambda_v}{q_w} \qquad (3\text{-}11)$$

$$D = 1.38 \times \frac{q_w}{A\lambda_v} \qquad (3\text{-}12)$$

式中:q_w —— 开始注入时的流量;

A —— 岩心横截面积;

λ_v —— 系数;

D —— 侵入深度。

采用实验方法测定线性流中颗粒浸入岩心的深度,利用多元回归处理的办法,将这些实验数据进行回归处理得到 λ_v 的计算模型,从而可进一步计算出因固相颗粒侵入而产生的表皮系数 S。即

$$\lambda_v = -368.9219 \times \frac{d_{粒}}{d_{孔}} + 305.1058(Q_{杂} \times V)^{0.1530428}$$
$$+ 39.28 \times v_t - 97.44301 \qquad (3\text{-}13)$$

其中：

$$\frac{d_粒}{d_孔} = \frac{d_{50}}{0.95\sqrt{K_m}} \tag{3-14}$$

式中：$d_粒$——注入液中颗粒粒径与岩样孔径之比；

　　　$Q_杂$——注入液中机械杂质的含量；

　　　V——总注入量；

　　　v_t——注入速度；

　　　d_{50}——注入液中颗粒粒径的平均值；

　　　K_m——岩样的渗透率。

注入液中的固相颗粒侵入油气层后，油气层的渗透率损害可用 Civan 经验公式计算，即

$$K_0 = K_i \times \left(\frac{\phi_0}{\phi_i}\right) \tag{3-15}$$

式中：ϕ_i——孔隙介质的初始孔隙度；

　　　ϕ_0——孔隙介质损害后的孔隙度；

　　　K_i——初始渗透率；

　　　K_0——损害后的渗透率。

最后因固相颗粒浸入导致的表皮系数 S 为：

$$S = \left(\frac{K_前}{K_后} - 1\right)\ln\frac{r_s}{r_w} \tag{3-16}$$

(2)计算硫酸盐还原菌(SRB)还原 S^{2-} 量的数学模型。硫酸盐还原菌是个体小、繁殖快的厌氧菌，它是成群或菌落式附在管壁上，不容易在流动的注入液中找到，在它附着的地方会出现坑穴。它能把水中的硫酸根离子还原成负二价硫离子，进而生成硫化氢加剧注水设施的腐蚀。在其菌腐蚀反应中可生成硫化亚铁黑色沉淀物，随注入液进入油层又起堵塞作用。该腐蚀产物是注入液中机械杂质(固相颗粒)的一部分。它对油层的损害作用可由注入液中固相颗粒对油层损害作用公式计算出。

(3)注入液中腐生菌(TGB)导致油气层损害的表皮系数计算。腐生菌是一种嗜氧性短杆状菌。菌体大量繁殖能产生黏性物质，与某些代谢产物累积沉淀。它既可附在管壁上给硫酸盐还原菌造成一个厌氧环境加剧腐蚀，本身又能起堵塞作用。

因细菌堵塞引起的油气层渗透率下降百分值 R 的计算式如下：

$$R = \left[\frac{0.81}{\lg K_s} + 6.6385 \times 10^{-2} \times \lg TGB - 0.4040982\right] \times V - 0.1633$$

$$\tag{3-17}$$

式中：v——注入的孔隙体积倍数；

K_s——岩样的气测渗透率值；

TGB——注入液中的腐生菌含量；

R——油气层渗透率下降百分数。

（4）水化膨胀引起的表皮系数值的计算。当外来流体矿化度较低时，可引起油气层中黏土矿物的水化膨胀、分散脱落，最终导致油气层渗透率下降，引起油气层被损害。国内外的研究者们曾对水化膨胀所引起的损害与油气层组成、结构特征之间的关系进行了研究。

利用研究井或区块岩心进行盐敏性评价实验，并根据实验数据进行回归处理得到某盐度下的岩心渗透率表达式。典型的表达式为：

$$K = aC^2 + bC + c \tag{3-18}$$

式中：K——在盐度 C 下的岩心渗透率，$\times 10^{-3} \mu m^2$；

C——流体矿化度，mg/L；

a、b、c——系数。

利用上式即可计算出在盐度 C 下的岩心渗透率值，进一步利用 Jones 公式可计算出表皮系数。

（5）微粒运移导致的表皮损害的计算。油气层的速敏性与伊利石状态、胶结类型、孔隙度、气测渗透率、泥质含量、石英含量、碳酸岩含量、胶结物含量、伊利石含量有关。

为实现微粒运移等损害评价，同时也更全面、定量地对比各敏感性的影响程度，对各敏感系数定义如下：

把速敏试验的流量从低到高依次记为 Q_1、Q_2、$\cdots$、Q_n，与之相对应的渗透率记为 K_1、K_2、$\cdots$、K_m。

岩心的最大渗透率和所用的流量分别计为 K_m 和 Q_n，即从 Q_n 以后岩心渗透率便开始下降，岩心单位流量增量的渗透率下降值可用下式表示：

$$\frac{K_m - K_{m-1}}{Q_{n+i} - Q_n} \quad i = 1,2,3,\cdots,m-n \tag{3-19}$$

上式的物理意义是最大渗透率所对应点 (K_m, Q_n) 与其后各测点 (K_{m-1}, Q_{n-1}) 连线的斜率，这一斜率越大，表示岩心受速敏损害的影响越强。在所有可取值范围内，必有一点 P 使上式取得最大值，即

$$\frac{K_m - K_P}{Q_p - Q_n} \tag{3-20}$$

为了消除岩心本身渗透率大小和不同试验流量带来的影响,需要对上式进行无因次处理。用岩心的最大渗透率除以分子,用速敏试验规定的最大流量 6mL/min 除以分母,得到:

$$\frac{6 \times (K_m - K_p)}{K_m \times (Q_p - Q_n)} \tag{3-21}$$

上式的取值范围为 $0 \sim \infty$,在使用上不太方便,需要进行标准化处理。上式本质上是一条直线的斜率,对其求反正切可化为 $0° \sim 90°$ 之间的角度,再除以 $90°$,便得到 $0 \sim 1$ 范围内的数,即

$$\frac{\arctan\left[\dfrac{6 \times (K_m - K_P)}{K_m \times (Q_p - Q_n)}\right]}{90} \tag{3-22}$$

由于岩心速敏损害程度的定义为

$$损害程度 = \frac{K_m - K_{min}}{K_m} \times 100\% \tag{3-23}$$

如果用岩心最大渗透率来代表岩心原始渗透率,用 K_{min} 表示岩心速敏损害后的最小渗透率,则岩心速敏系数 F_v 定义式为:

$$F_v = \arctan\left[\frac{6 \times (K_v - K_p)}{K_m \times (Q_p - Q_n)}\right] \times \frac{K_m - K_{min}}{90 \times K_m} \tag{3-24}$$

很显然,F_v 是一个范围在 $[-1,1]$ 区间的无因次量。当 $F_v = 0$ 时,表示岩心没有速敏。当 $F_v = 1$ 时,表示岩心有最强的速敏。如果 $F_v > 0$,则损害油层;如果 $F_v < 0$,则改善油层。

同理,可推导出盐敏系数的计算公式:

$$F_s = \arctan\left[\frac{\Delta S_n \times (K_v - K_p)}{K_m \times (S_v - S_p)}\right] \times \frac{K_m - K_{min}}{90 \times K_v} \tag{3-25}$$

式中:F_s——盐敏系数;

S_P、S_v——矿化度,mg/L;

ΔS_n——最高矿化度减最低矿化度的差值。

第三节　薄互层低渗透油层损害预防与解堵技术

一、薄互层低渗透油层损害及预防技术

(一)薄互层低渗透油层损害测试思路

第一,分别测试室温和地层温度下泥岩柱塞与泥岩碎后粉末压缩体的膨胀率,研究泥岩在地层中的膨胀性能。

第二,测试裂缝性泥岩岩心水化前的渗透率,然后将岩心在地层水中浸泡 3～4d,取出烘干后重新测试岩心的渗透率,通过水化前后气测渗透率的变化,研究泥岩水化对裂缝渗透能力的伤害程度。

第三,泥岩裂缝中加砂后,测试不同围压下气体在岩心中的渗透率,研究泥岩水化前支撑剂在泥岩中的嵌入规律。

第四,泥岩裂缝中加砂后,在地层水中浸泡 3～4d 后,测试不同围压下地层水在岩心中的渗透率,研究泥岩水化后支撑剂在泥岩中的嵌入规律。

第五,制作中间是泥岩上下两侧是砂岩的标准岩心,在岩心的两个泥砂缝面上充填陶粒,将岩心抽真空饱和水后装入岩心夹持器,在地层水驱替过程中,改变围压直到地层压力状态,研究在不同围压下支撑剂缝面的渗流能力,从而确定泥岩水化对支撑裂缝的伤害程度。

第六,上述过程如果证明确实存在泥岩水化伤害的问题,就需要研究伤害防治的具体措施,如防膨剂、泥岩表面保护处理剂等。

第七,通过自行开发设计的精密水驱油测试系统,测试每 7ms 压力的变化规律,根据压力的变化规律来研究流体在裂缝与基质中的交换规律及流动规律。

(二)薄互层低渗透油层损害预防技术

针对修井过程中清水洗井液、卤水洗井液普遍对油层造成严重伤害的问题,研制、推广了低密度洗井液洗井技术,低密度洗井液由发泡剂、稳泡剂和清洗剂等表面活性剂组成,在洗井过程中密度最小可达 $0.6g/cm^3$,适用于地层压力低于静水柱压力的油井洗井。

低密度油层保护技术是在储层敏感性系统评价的基础上,为保护油层、减少伤害而采取的各种保护技术措施。针对纯化油田低渗透储层敏感性、储层流体性质,在实验的基础上,提出了修井、采油、注水等过程中的油层保护措施,现场应用得到了显著的效果。

1. 钻井过程中的油层保护

近年来,纯化油田、低渗透砂岩油田广泛推广使用了欠平衡钻井技术、铵盐钻井液和磺化沥青加超细碳酸钙的屏蔽暂堵技术,部分井使用了正电胶钻井液,取得了较好的效果。另外,实施油层保护以后,减少了钻井液污染,部分新井不用采取油层改造措施直接投产,节约了大量的作业费用。

2. 修井过程中的油层保护

在修井过程中洗井、压井是不可避免的,用清水、污水、卤水洗井、压井将对油层造成严重的污染。

(1)低密度洗井液洗井技术。低密度洗井液由发泡剂、稳泡剂和清洗剂等表面活性剂组成,在洗井过程中密度最小可达 $0.6g/cm^3$,适用于地层压力低于静水柱压力的油井洗井。由于洗井液在洗井过程中产生小而稳定的泡沫,一方面,可大大降低液柱质量,增大洗井液进入油层的阻力,从而避免或减少洗井液进入油层;另一方面,泡沫具有较强的携带及去油污能力,因此它具有防止或减少油层污染的作用。该项技术已广泛地应用于修井作业中,用其洗井后,油井产量都有一定幅度的上升。

(2)低伤害压井液压井技术。低伤害压井液由加重剂、增黏降滤失剂、防膨剂、盐沉淀抑制剂等复配而成。其密度为 $1.05\sim1.45g/cm^3$,具有热稳定性好、对油层伤害小等特点。压井有效率100%,一次压井成功率90%,用其压井能达到压而不死、活而不喷的目的。

3. 采油生产过程中的油层保护

(1)热油洗井技术。纯化油田很多油井含蜡量高,油井热洗频繁。用热油溶蜡车进行热油洗井,是一种较为理想的洗井方式。它主要应用于含水低于50%并且结蜡严重的油井洗井。与热清水、污水洗井相比,它有以下优点:

一是热油温度高。热油入井时的温度高达120℃,如此高的温度足以在洗井时将泵筒、油管内壁的蜡、沥青等熔化并使其随热油排出,从而达到较好的洗井效果。由于采出液的温度较高,现场测得为 60～80℃,所以采出液在地面管线内流动时也能洗掉管线内壁的结蜡,从而使回压有一定程度的降低,使原油产量增加。

二是热油洗井不会造成压井。由于原油的密度本身就比清水低,从而避免了部分井底压力较低的油井在清水洗井后有一段时间不出液的现象。

(2)蒸汽洗井熔蜡技术。蒸汽洗井清蜡工艺主要针对用热水洗井清蜡不彻底、效果不好的情况。其原理是:通过高压锅炉车加热生成蒸汽,利用蒸汽温度高、熔蜡快、清洗效果好的特点,由于蒸汽比热水容易达到高温,洗井液的温度比较容易控制,进入地层的水量少,对油层造成的伤害少。该技术不适用供液能力差的井。每年应用 25 余井次。

(3)微生物清蜡技术。所用微生物是以直链烷烃组分为碳源作营养液的微生物群体,能在油水或水、蜡界面旺盛繁殖、裂解重质烃和石蜡的兼性厌氧菌,代谢产生的气体 CO_2、N_2、H_2、CH_4 等溶于原油使其黏度下降,溶蜡能力增强。采油时向油井中注入,关井反应时微生物能够降解高碳直链烷烃,使其变为低碳烷烃化合物,从而解除池井结蜡之患,并控制蜡沉积的形成;同时,利用烷烃作碳源的细菌在烷烃环境下繁衍过程中,能够产生两亲性的表面活性物质及有些菌群能够分解胶质-沥青质中的极性物质(O、S、N 组分),这些表面活性物质能够使稠油乳化,从而降低石油黏度。

(4)井下洗井开关工艺技术。地层压力低于静水柱压力的油井,当入井液充满井筒时,静液柱压力迫使入井液进入油层而造成油层污染。针对这种情况,采用一种简单的丢手工具,即洗井开关。该工具由丢手接头、Y441-115 型封隔器及单流阀组成。将组合工具丢在油层上部 200～300m 处,使入井液不能直接和油层接触,从而避免了油层污染。该项技术已在纯化油田应用 20 余井次,效果显著。

4. 注水过程中的油层保护

随着纯化油田进入开发中后期,注好水已成为油田持续稳产的关键。特别是近年来低渗低孔的 Ⅱ、Ⅲ 类储量和产量所占的比例不断上升,对注水的要求更高、指标更严格,水质不合格不仅使水井吸水能力下降、管柱结垢严重,还影响油井的产量,不管是未滤清水还是未滤污水注入地层后,都使地层渗透率下降30%～40%,油井产油量与渗透率的关系为:

$$Q = \frac{2\pi K_{\circ} \times h \times \Delta p}{\mu_{\circ} \times \ln \frac{r_{\circ}}{r_{w}}} \tag{3-26}$$

式中：$K_{\circ}$——油相渗透率；

$\qquad$ $r_{\circ}$——供油半径；

$\qquad$ r_{w}——井筒半径。

从上式可以看出，产量与 $K_{\circ}$ 成正比，即渗透率下降 $30\% \sim 40\%$，产量也下降 $30\% \sim 40\%$，所以污水未经精滤前最好不要注入地层。

目前改善注水水质的技术主要是改造污水处理工艺流程和投加优质的水处理剂。在污水处理工艺流程方面投产了 $2\,000\text{m}^3$ 一次、二次除油罐，淘汰了超期服役、疾病缠身的旧除油罐；投产了粗过滤罐核桃壳过滤罐，淘汰了原来的石英砂过滤罐，以增强去除污油和悬浮物能力；在一次、二次除油罐之间安装了混合反应器，使药剂在混合反应器中充分混合后与污水反应，发挥药剂的最大功效；安装了自动加药系统，更换了加药泵，重新整修了加药管线，可以根据污水处理量的大小及加药后的水质指标自动调整加药量，其自动化程度更高，也更趋合理；改造了一级过滤缓冲罐和梁家楼外输缓冲罐，主要是改造罐底结构和增加内防护层；更换了双滤料精细过滤罐的滤料，恢复其截污能力；站内金属管线更换为非金属管线。

在水质处理剂方面，通过对 20 余种水处理药剂进行全面优选，经过反复多次的单项性能对比试验、药剂加量优化试验和配伍性试验，优选出了效果较好的水处理剂，根据流程改造方案重新确定药剂投加种类、投加数量，以降低污水处理成本，保证污水处理效果。

通过对污水处理流程的改造，水质处理剂的筛选、优化，现场见到了显著的效果。纯化油田注水水质均有大幅提高，如纯化油田回注污水水质达标率由 28.6% 上升至 71.9%，取得了较好的治理效果，为纯化油田的持续稳定发展、实现注采系统的良性循环打下了坚实的基础。

二、薄互层低渗透油层解除损害解堵技术

酸化[①]是油井增产、水井增注的重要措施之一。为达到良好酸化的目的，对于不同的地层，应有与之对应的最佳酸液配方。

---

①　酸化指的是加酸使体系由碱性或中性变成酸性的过程。

(一)酸化对油气层损害因素及解堵技术

1. 油气层酸化中油气层损害因素

在酸化中的主要堵塞因素有：CaF_2、Na_2SiF_6、K_2SiF_6 等二次沉淀；有机垢(酸渣)；微粒运移和出砂；产生 W/O 乳状液；润湿反转；聚合物堵塞、细菌堵塞等。

2. 油气层酸化中油气层损害解堵技术

(1)低伤害深部酸化、解堵技术(JD 系列解堵剂)。

一是配方研制。用盐酸、土酸、冰乙酸、磷酸、氟硼酸、低伤害酸进行孤东油田天然砂岩岩心粉溶蚀试验可知，盐酸、冰乙酸、磷酸对砂岩岩心粉溶蚀率均很小，不宜在这些地层中使用；土酸溶蚀率较大，但土酸对该地层存在一定的酸敏性损害，因此必须解决土酸酸化过程中的酸敏问题；氟硼酸、低伤害酸效果较好。从而有必要研制出溶蚀高、缓速、无酸敏且具有防膨抑砂、助排等效果的酸化解堵液。

鉴于此，胜利油田选择盐酸、氟化铵和硼酸三种物质为基础，能生成氢氟酸和氟硼酸的自生酸体系，本体系中盐酸可首先溶掉岩石中的碳酸盐成分，随后生成的氢氟酸、氟硼酸则可溶解砂岩、硅酸盐(如黏土)和其他堵塞物，从而解除地层堵塞，通过调节三种物质的比值，可控制生成的氢氟酸、氟硼酸的速度和浓度，从而可很好地起到深部酸化解堵的作用。该体系被称为 JD 深部处理剂。

通过改变 JD 剂配方中调节剂的加入浓度，考察了 JD 剂对自身生成氢氟酸速度的调节能力。通过改变调节剂在酸中的浓度，可调节酸液自身生成氢氟酸的速度，从而有效地控制酸与地层黏土及堵塞物的反应速度。因此，通过改变调节剂的比例可形成一系列不同性能的 JD 剂，针对孤东油田的岩心成分及特点，可以选择第五组配方为进一步研究配方。性能研究包括：①为了观察 GD-8 剂的性能，试验同时与氟硼酸对比。GI-8 的溶蚀能力较单纯使用氟硼酸时要强得多。由此表明二者在形成氢氟酸深部酸化地层的机理上是不完全相同的。②三种酸液的最终溶蚀率比较。GD-8 有着比常规土酸低得多的反应速度，具有显著的延迟缓速效果；同时，随着反应时间的增加，GI-8 对油井岩心的溶蚀率也在不断地增大，适当延长酸化后关井反应时间，GI-8 完全可以达到常规土酸的溶蚀能力。由此可知，GI-8 解堵剂反应速度可调,与常规土酸相比,缓速性能较好,溶蚀率比单一氟硼酸高;最终溶蚀率与土酸相当。

二是添加剂。添加剂是酸化解堵液的重要组成部分,它的好坏直接影响酸化效果,若添加剂使用不当,有时甚至使酸化失败,因此酸液添加剂的筛选研制尤为重要。

抗酸渣助排剂。酸渣量分析:用试验区块原油在不同盐酸浓度下测定其酸渣生成量,结果表明,试验区块原油与盐酸混合后,均有一定量的酸渣生成,且随着酸浓度的增大而增大;在酸液浓度相同的情况下,随着 Fe^{3+} 浓度的增大,酸渣生成量也增大,但当酸中 Fe^{3+} 的质量浓度达到 $1.0 \sim 1.5g/L$ 以后,增大趋势不明显。配方筛选:酸渣主要是酸中 H^+ 和 Fe^{3+} 破坏了原油胶体分散体系所致,为防止酸渣的形成,可在酸液中加入分散剂,阻止原油分子的结合、增大,但同时必须加入铁离子稳定剂,将 Fe^{3+} 络合,使其失去“交联”作用。由实验结果可知,加入分散剂质量分数大于 0.4% 以后,可防止酸渣的形成。

缓蚀剂。根据缓蚀性能好、不伤害油气层、配伍性好、不污染、成本较低、使用方便等原则,可以筛选出几种常用的缓蚀剂进行实验,试验结果见表 3-1[①]。

表 3-1　腐蚀速度试验结果

配方	腐蚀速度/$(g \cdot m^{-2} \cdot h^{-1})$	备注
15%HCl+2%1 号缓蚀剂	4.56	价格合理,配伍性好
15%HCl+2%2 号缓蚀剂	2.01	价格贵,配伍性较好
15%HCl+2%3 号缓蚀剂	11.28	价格合理,配伍性好
BF-6+2%1 号缓蚀剂	4.97	配伍性好
BF-6+2%2 号缓蚀剂	2.01	配伍性较差
BF-6+2%3 号缓蚀剂	16.05	配伍性好
12%HCl+3%HF+2%1 号缓蚀剂	6.27	价格合理,配伍性好
12%HCl+3%HF+2%2 号缓蚀剂	3.89	价格贵,配伍性较差
12%HCl+3%HF+2%3 号缓蚀剂	16.54	价格合理,配伍性好

---

① 　本节表格均引自李道轩.薄互层低渗透油藏开发技术[M].东营:中国石油大学出版社,2007:245.

由上述可知,2 号缓蚀剂缓蚀性能最好,90℃ 条件下,在 15%HCl 和常规土酸及 BF-6 中的腐蚀速度小于 $4g/(m^2 \cdot h)$;3 号性能较差,1 号属于中等。但由于 2 号价格贵,所以选用 1 号缓蚀剂。

铁离子稳定剂。为阻止酸化过程中氢氧化铁 $Fe(OH)_3$ 沉淀的生成,需加入铁离子稳定剂。我们通过测定络合能力的方法,进行了铁离子稳定剂性能评价,结果见表 3-2。

表 3-2　铁离子稳定剂的性能

样品编号	1 号	2 号	3 号	4 号
络合能力/$(g \cdot L^{-1})$	28.5	87.4	128.4	65.2

由上述可知,3 号样品的络合能力最强,所以推荐选用 3 号铁离子稳定剂。一般要求铁离子稳定剂过量,这样可保证 Fe^{3+} 不会形成 $Fe(OH)_3$ 沉淀。

助排剂。为了筛选出性能良好的助排剂,对初步筛选出的 4 种表面活性剂进行表面张力测定,见表 3-3。

表 3-3　3 号、4 号助排剂的界面张力

样品号 \ 质量分数%	0.02	0.04	0.06	0.08	0.1
3 号	6.5	2.4	1.8	0.8	0.9
4 号	9.4	3.2	1.6	1.2	1.3

由上表可以看出,3 号助排剂的界面张力最低能降至 0.8~0.9mN/m,因此在实际生产中可选用 3 号助排剂。

此外,还针对孤东油田的情况,对润湿剂进行了筛选,并研制了新型润湿剂;同时对各添加剂与 GI-8 进行了配伍性试验,由此可知,各添加剂与 GD-8 主剂具有良好的配伍性,无沉淀及分层现象发生。

(2)二氧化氯解堵。二氧化氯是一种价格便宜的强氧化剂,具有很强的氧化降解能力,特别是使聚合物的 C—C 键断裂,达到降解的目的;且耐高温,有助于提高油层渗透率,恢复油井的产能和水井的吸水能力。

综上所述,GI-8 系列酸化解堵剂具有缓速、最终溶蚀率高和对油气层伤害小等特点,在孤东油田使用,可大大提高酸化解堵效果;而二氧化氯解

堵剂则对聚合物堵塞具有良好的降黏解堵作用,可与 GD-8 配合使用,达到解除堵塞和溶解地层胶结物的目的。

在实际生产中,针对地层堵塞情况,可在 GD-8 酸化解堵剂处理地层以前,采用前置液预处理地层(在前面已有介绍);在 GI-8 酸化解堵完毕后,再使用后置液处理。

(二)油水井解堵优化决策技术

1. 化学解堵技术

对油井,油层堵塞将造成油井产量降低;对水井,则使注入量减少。这些都可以用化学解堵技术处理。化学解堵就是将一定量的化学解堵剂挤入污染堵塞的油层或注水层位,在物理化学作用下解除堵塞物,使油井恢复产能,提高产量,使水井增加注入量。该技术的关键是要搞清楚措施层堵塞的程度及造成堵塞的原因,利用专家系统认真地分析,然后优选有效的化学解堵剂,做好设计,进行施工。

(1)CY-3 降堵剂。CY-3 降堵剂为弱碱性的水溶液,对许多酸不溶化合物有较强的溶解能力,能明显降低水的表面张力或界面张力,对油污等有较强的清洗能力,能解除各种入井液、地层水等产生的水锁堵塞和乳化堵塞,还能解除一些酸不溶化合物及油污等的堵塞。解堵原理是利用其本身具有强溶解性,能溶解各种堵塞物,对油污有清洗能力,能大幅降低表、界面张力能力,使地层孔隙内的油水界面张力和表面张力降低,从而改善渗流能力,易于流动。对设备管道无腐蚀,适用于油井、水井解堵。

(2)CY-5 解堵剂。CY-5 解堵剂是酸性水溶液,具有反应速度慢的特点,需用量少,对设备有轻微的腐蚀。其作用是解除聚合物胶体微粒在地层中产生的堵塞,还能解除 Ca^{2+}、Mg^{2+}、Fe^{2+} 等离子形成的盐垢、腐蚀产物、碳酸盐及细菌菌体等堵塞物;也能起到溶解堵塞物、降低油水界面张力和表面张力的作用,改善和提高地层的渗透能力,从而达到增产增注的目的,适用于油、水井解堵。

(3)CY-6 解堵剂。CY-6 解堵剂为深褐色均相油性液体,对设备无腐蚀,适用于油井解堵。对井筒油套管及近井地带地层中形成的蜡堵、胶质沥青堵塞有较强的溶解作用。根据堵塞程度和类型不同,适当调整配方,可以提高解堵效果。其作用是解除原油中蜡质、沥青、胶质、油砂等因温度、压力降低而在井的周围及近井地带沉积形成的堵塞。

解堵原理是:具有强溶解能力,能溶解蜡、胶质、沥青等堵塞物;含特殊表面活性剂,能使不溶于油的堵塞物处于分散状态,不聚结成大颗粒,随油流排出;能降低油水界面张力,疏通油流通道,解除堵塞,提高近井地带的油层渗透性,达到增产的目的。

(4)酸化及化学除垢法。盐垢可分为水溶性、酸溶性和可溶于除酸、水以外的其他化学溶剂的盐垢三大类。

酸溶性盐垢,采用低浓度的盐酸或硫酸处理,还可用有机酸类和酯类与其他物质的混合物以及螯合剂酸处理。

酸不溶盐垢,采用转换剂,先将垢转为酸溶性物质,然后再用酸处理。也可以将盐垢转换为水溶性化合物,不必酸洗。

地层除垢剂必须与地层及地下流体配伍。

(5)清除乳化堵或水堵。使用表面活性剂可减轻由乳化液或水对油层的堵塞损害,在砂岩油层中,利用土酸和表面活性剂进行处理,可有效地消除乳化液造成的油层损害。对碳酸盐油层损害,可采用酸压旁通处理,酸压形成乳化堵塞,可向裂缝中注入表面活性剂,使乳化液能在地层条件下迅速、彻底地破乳,以便返排出来。

(6)二氧化氯解堵技术。二氧化氯解堵技术的主要成分是二氧化氯,它均匀分散在水溶液中,成稳定态,化学性质活泼,具有很强的氧化能力。它对 pH 值的适用范围大,在酸性条件下处于非稳定态,而在碱性条件下则处于稳定状态。二氧化氯解堵液与酸混合后,5~15min 内便很快被激活,变为非稳定态。激活了的二氧化氯具有很强的氧化性能,能够分解多种有机物质,可使硫化氢气体被氧化,具有溶解硫化亚铁的作用,不产生硫化亚铁二次沉淀,能使高分子聚合物被氧化、破坏,使菌体氨基酸分子发生断链而消亡。因此,在酸化解堵时使用二氧化氯解堵液可彻底清除硫化亚铁、生物有机质、聚合物残留物、聚丙烯酰胺等一切造成油层损害的可氧化的堵塞物,以达到理想的酸化解堵效果。

(7)解除聚合物堵塞技术。选用 HLB-8 解堵剂。

(8)JD-9 解堵剂。JD-9 解堵剂的适用条件为解除所有的近井地带油层堵塞,且成本低。

(9)土酸解堵工艺技术。土酸解堵工艺技术特别适合解除近井地带的钻(完)井液污染及注水井层的二次堵塞,效果尤为显著,但对于深部堵塞则效果较差。

(10)胶束酸解堵工艺技术。胶束酸解堵工艺技术具有较低的表面张力和酸油界面张力,具有较高的溶解重烃能力,可同时解除有机垢堵塞和无机垢堵塞,并可防止乳化堵塞和减少水锁效应;适合于油水井的解堵作业;不适合于钙质和绿泥石含量高的砂岩油层的酸化解堵。

(11)浓缩酸解堵工艺技术。浓缩酸解堵工艺技术适合于解除碳酸盐岩、腐蚀产物、钻井液、水锁造成的损害堵塞;适合于灰质含量较高的砂岩油层油水井解堵;具有抑制黏土矿物水化膨胀的能力。

(12)低伤害酸解堵工艺技术。低伤害酸解堵工艺技术能溶解钻(完)井液、腐蚀产物、有机质对油层的堵塞,可有效预防二次沉淀的产生。

(13)油外相乳化酸解堵工艺技术。油外相乳化酸解堵工艺技术适合油水井深部解堵作业。

(14)粉末硝酸解堵工艺技术。粉末硝酸解堵工艺技术不仅能解除酸溶性堵塞物,还可解除蜡、胶质、沥青等有机堵塞物,适合于砂岩、灰岩和泥质地层的酸化解堵,不适合特低渗透油层的解堵。

(15)热化学解堵工艺技术。热化学解堵工艺技术适合于解除有机物堵塞,不适合解除无机物堵塞。

2. 机械解堵技术

(1)水力振荡解堵技术。水力振荡能产生高频、高压水射流并作用于被污染堵塞的地层,使机械杂质和其他堵塞物松散、脱落,并随洗井流体排出井筒,从而达到解堵、增产、增注的目的。另外由于高压射流水作用,可以使地层中原有的裂隙扩展延伸,使地层疲劳破坏产生新的裂缝,从而改善地层渗透性,达到解堵增产的目的。

水力振荡解堵技术主要用来清除近井地带的机械杂质、钻井液及沥青质和盐的沉积等堵塞,形成不闭合裂缝,并通过洗井将杂质返排出地面,从而解除近井地带的污染,恢复和提高油层渗透性的工艺措施。

水力振荡施工的选井条件如下:

一是地层渗透性较好,因钻井液第二次污染造成井壁附近后期堵塞的井。

二是地层泥质含量较低的井。

三是地层出砂较轻的井。

四是转注初期吸水能力较强,但在注水过程中由于水质不合格造成后期堵塞的井。

五是油井生产正常,转注后不吸水或吸水较差的井。

六是在酸化或压裂过程中,由于排液不及时造成近井地带堵塞的井。

七是稠油井不宜使用该工艺。

(2)循环脉冲解堵技术。循环脉冲法就是用活性水或轻质油注入地层,多次瞬间升、降压力的方法,使地层孔道疏通恢复,改善地层渗透能力。该技术施工工艺简单易行,配制活性水或轻质油,将工作液潜入井筒冲洗井底,进行升压、排液降压的脉冲作业,反循环洗井后即可投产。施工作业时间稍长,但是不动管柱、成本低、效果明显。

(3)高能气体压裂。高能气体压裂是利用特定的发射炸药在井底产生高压、高温气体,在井底附近油层中产生和保持多条多方位的径向裂缝,从而达到增产增注的目的。

适用岩性:高能气体压裂适用的岩层是脆性地层,对于塑性地层则不甚适用,而对泥岩地层,反而可能产生"压实效应"。适用于高能气体压裂技术的岩层有灰岩、白云岩和泥质含量较低(小于10%)的砂岩;不甚适用于高能气体压裂技术的岩层有泥岩、泥质含量较高(大于20%)的泥灰岩和砂质泥岩等;胶结疏松的砂岩地层,压后可能引起严重的出砂问题,应慎重对待。只适用于地层压力高、含油饱和度高的油层。由于注水井底经常处于高压状况,所以高能气体压裂增注效果优于油井增产效果。

适用条件:①解除探井在钻井过程中的油层污染;②特别适用于地层能量高,含油饱和度高,井底附近被伤害的油气层,也适用于物性差的低产层,甚至停产层;③注水井;④天然裂缝较为发育的油气层改造;⑤水敏、酸敏性油气层改造;⑥戈壁、沙漠、海滩等区域油气井增产处理;⑦地层破裂压力异常高地区的水力压裂和酸化预压裂。

(4)电脉冲井底处理技术。电脉冲井底处理技术是通过井下液体中电容电极的高压放电,在油层中造成定向传播的压力脉冲和强电磁场,产生空化作用,解除油层污染,对油层造成裂缝从而达到增产增注目的的工艺措施。

低频脉冲能提高中、后期油田的开发效果。

利用低频脉冲波进行强化采油。

电脉冲井底处理技术适用于地层胶结好、油层受到污染堵塞、孔隙度小于32%、渗透率大于$0.01\mu m^2$、含油饱和度大于30%、原油黏度小于1000mPa·s的油层。

该技术不宜在出砂严重、含油饱和度低及距油水边界近的井中应用。

第四章　薄互层低渗透油藏的压裂与开采

第一节　薄互层低渗透油田酸化工艺技术与优化

一、薄互层低渗透油田酸化伤害、处理技术难点与对策

低渗透砂岩油藏在开采过程中出于种种原因常会发生堵塞,导致油层渗透率降低,严重影响了油水井的正常生产。酸化是低渗透砂岩油藏油井增产、水井增注的主要手段之一,国内外普遍采用常规土酸(12% HCl$+3\%$ HF)进行处理,即用盐酸解除钙质、铁质堵塞,氢氟酸解除硅质堵塞来恢复和提高近井地带的渗透率。常规土酸有五个方面的特点:①常规土酸酸岩反应速度快,作用时间和作用距离短;②溶蚀作用强,易酸垮井壁;③在一定条件下可能会形成氟硅酸钾、氟硅酸钠、氟铝酸钠、氟铝酸钾、氟化钙、氟化镁、氟化铝、氢氧化铝、氢氧化铁和氢氧化硅等二次沉淀物,严重影响酸化效果;④不具备缓速性;⑤与原油反应,易产生酸渣。

针对常规土酸存在酸岩反应速度快、溶蚀能力强、作用时间和作用距离短,易造成二次污染的问题,结合纯梁采油厂低渗透砂岩油藏储层特征,研制出了一种以盐酸、氢氟酸、有机酸、多效添加剂等为主要成分的缓冲酸酸化体系。下面以纯梁采油厂为例,探讨低渗透油田酸化伤害、处理技术难点与对策。

(一)低渗透油藏受到伤害的类型

1. 中孔、低渗油藏易受到伤害

酸化层的孔隙度、孔喉、孔隙通道、岩石颗粒大小及分布和渗透性等与酸化的过程和酸化后流体在孔隙中的流动,以及酸化后的产物,主要指脱落的微粒发生运移、产生的二次沉淀物,如絮状的 $Fe(OH)_3$、CaF_2、MgF_2、乳

化油等在孔隙中的运移关系非常密切,直接影响酸化施工及施工效果。纯梁采油厂低渗透砂岩油藏渗透率较低,胶结物为碳酸盐岩和泥质,孔喉较小,酸化过程可能导致大量微粒运移和沉淀的生成。储层伤害主要有以下类型:

(1)悬浮颗粒(层面形成滤饼,吸附在孔道表面,堵塞孔喉)。

(2)物理伤害(钻井液、完井液的损害,颗粒从表面脱落,液体对岩石的冲刷,pH 值的影响,就地乳化)。

(3)化学伤害(离子交换发生沉淀,反应产物造成沉淀,石蜡、沥青质的沉淀,细菌的腐蚀)。

2. 酸化对储层的伤害

(1)酸液与储层流体的配伍性。

一是原油与酸液的配伍性,主要是酸渣的形成,尤其是有 Fe^{3+} 存在时,形成酸渣的倾向更大。

二是地层水与酸液的配伍性,避免 HF 直接与地层水接触,否则将可能产生大量化学沉淀。

(2)酸液与储层岩石的配伍性。

一是酸液引起黏土矿物膨胀,主要针对钠蒙脱石和伊利石。

二是酸岩反应及冲刷造成微粒运移。

三是酸溶解含铁矿物,形成不溶物,主要针对绿泥石。

四是酸化后结垢,针对碳酸盐岩含量高的储层,应及时返排或尽快恢复生产。

五是酸液造成储层岩石润湿性发生变化。

(3)酸岩反应产生二次沉淀伤害。

一是铁质沉淀。

二是氟化物沉淀:CaF_2,MgF_2,Na_2SiF_6,K_2SiF_6,Na_3AlF_6,K_3AlF_6。

三是水化硅沉淀、氟硅酸盐沉淀及氟铝酸盐沉淀等。

(二)低渗透油藏酸化技术难点与对策

1. 低渗透油藏酸化技术难点

(1)中孔-低孔、低渗透特性:导致注酸困难,排量受限,施工时间长,酸化层段的吸酸能力有限,而且容易造成二次伤害。

（2）层内非均质严重,纵向物性差异大及存在人工裂缝:层段之间的吸酸能力有差别,造成不均匀吸酸,人工裂缝酸化后,可能造成裂缝的导流能力下降。

（3）有机物堵塞与无机物堵塞共存:酸液及有机解堵剂的选择要求高,施工工艺复杂。

（4）长石含量高:酸岩反应速度快,酸液作用距离有限。

（5）重复酸化井:不同于首次酸化井,对酸液体系及措施工艺要求高。

（6）条带状、透镜状沉积砂体以及层多且薄:直接关系到吸水能力的大小,决定注水量大小。

2. 低渗透油藏酸化技术对策

（1）室内开展了大量的试验研究、工艺模拟及优化设计,对酸化储层及单井特征进行了大量分析论证。

（2）室内筛选了适合于储层实际的酸液体系。

（3）室内筛选了适合于储层时间的酸液添加剂。

（4）通过工艺模拟试验,尤其采用了国内外先进的长岩心酸化流动工艺模拟试验,并结合 ICP 残酸分析、ESEM 微观分析以及 NMR 测试技术,研究酸岩反应机理,防止或减少二次伤害的产生。

（5）采用先进的"两酸三矿物"砂岩酸化模型对酸化施工参数进行了优化设计。

（6）优选了最佳的酸化施工方案,进行了单井优化设计,并对酸化效果进行了简单预测。

二、薄互层低渗透油田各酸化工艺技术

（一）缓冲酸酸化技术

1. 缓冲酸的腐蚀性

用加拿大公司生产的 CC-10-S 型高温高压动态腐蚀仪进行测试,试验转速为 60r/min,试验选用 N80 钢片,酸液与钢片的面容比为 15mL 酸/cm²,反应时间为 4h。在高温、高压、动态条件下,与现场常用的酸液配方相比,有机土酸的腐蚀速度最小。

2. 缓冲酸的防乳破乳性

将现场使用的酸液与纯 85-3 井脱水原油以 1∶1(20mL 酸∶20mL 原油)的比例在 100mL 具塞量筒中充分混合,手摇震荡 100 次,放入 95℃ 恒温水浴中加热,分别记录不同时间的析酸量。由此可知,与常规土酸相比,缓冲酸具有较好的防乳破乳性能且析出液清亮、无挂壁、界面清晰。因此,用缓冲酸酸化,可消除酸油乳化带来的毛细管阻力,减少酸液因乳化对地层造成的损害。

3. 缓冲酸稳定铁离子的能力

在 100mL25% 缓冲酸中加入硫酸铁,使酸液中 Fe^{3+} 的质量浓度为 800mg/L,再加入 100g 经 15%HCl 预处理的石英砂,放入 90℃ 恒温水浴中观察,24h 后未见有机土酸体系中有沉淀生成。这表明 Fe^{3+} 在有机土酸中可保持稳定,不易产生氢氧化铁沉淀。

4. 缓冲酸对天然岩心的溶蚀能力

将纯化油田纯 83-2 井,2605.77～2680.61m 井段,C1～C2,C3～C4 层位的岩心粉碎过筛烘干,在岩心/酸液为 1g/20mL 的条件下将酸液和岩心置于密闭容器中,使其在 95℃、60r/min 下充分反应,2h 后的残酸液用已烘干、称重的定量滤纸滤出固体,求出岩心溶解率。

缓冲酸对天然岩心的溶解率小于常规土酸,与现场用的氟硼酸相当,而大于现场用的缓速酸和低伤害酸体系,这说明用有机土酸处理地层,在不破坏地层骨架的情况下,提高或恢复地层渗透率的能力较强。

5. 缓冲酸的抗酸渣性能

将盐酸、常规土酸、有机土酸与纯 85-3 井脱水原油(原油中含蜡量 20%、含胶量 20%)以 1∶1 的比例(20mL 酸∶20mL 原油)充分混合,95℃ 下反应 2h,用铜筛过滤,并用有机溶剂清洗、烘干,称量酸渣量。由此可知,与盐酸、常规土酸相比,缓冲酸与纯 85-3 井原油反应产生的酸渣量大大减小,表明缓冲酸能预防酸液与原油反应形成酸渣。

(二)解除水锁伤害技术

在油田开发过程中,有不少油井因作业洗井或压井,而造成油井产量大幅下降或不出,这种现象是由水锁伤害造成的。水锁伤害是低渗砂岩油气藏(特别是气藏)一个重要的损害机理。水锁伤害既与储层的绝对渗透率有关,又与原始水饱和度有关,原始水饱和度越小,液相在毛细管、缝中被捕集的趋势越大,被捕集的量也越多;储层渗透率越低,表明孔喉尺寸越小且连通性越差,因而水滴两侧曲界面的压差(即毛细管力)越大,水伤害也越严重。水锁伤害不仅与毛细管的润湿性密切相关,还与束缚水饱和度有关;解除水锁伤害的方法是用表面活性剂或醇类物质进行处理,以降低油水界面张力,从而使毛细管力减小。针对纯梁采油厂低渗透油藏储层特性,分析了水锁伤害的原因、机理和影响因素,通过大量室内试验,工艺所研制出解除水锁伤害的化学药剂即解水锁剂 HCY,其具有降低油、水的表(界)面张力,改变油层岩石的润湿性,使亲油的岩石转变为亲水、防乳、破乳,促进返排等性能。

1. 水锁伤害问题与机理

(1)水锁伤害问题。

当外来的水相流体渗入油气层孔道后,会将储层中的油气推向储层深部,并在油气-水界面形成一个凹向油相的弯液面,由于表面张力的作用,任何弯液面都存在一个附加压力,即产生毛细管阻力,其大小等于弯液面两侧水相压力和油气相压力之差,并且可由任意曲界面的拉普拉斯方程确定。欲使油气相驱动水相而流向井筒,就必须克服这一毛细管阻力和流体流动的摩擦阻力。如果产层的能量不足以克服上述阻力,就不能把水段塞驱开而造成损害,这就是所谓的水锁损害。

在油气层开发过程中,油气流不能有效地排除外来水,使地层含水饱和度增加,油气相渗透率下降的现象叫水锁效应。

(2)水锁损害机理。

一是毛细管力自吸作用。在油气井作业过程中,井筒中存在正压差,储层与工作液直接接触,毛细管力影响着储层中润湿相和非润湿相渗流。假设储层孔隙结构可视为毛细管束,毛细管中弯液面两侧润湿相和非润湿相之间的压力差定义为毛细管压力,其大小可由任意界面的拉普拉斯方程来表示:

$$P_e = \sigma \left(\frac{1}{R_1} + \frac{1}{R_2} \right) \tag{4-1}$$

式中:P_e——毛细管压力,mN;

σ——界面张力,mN/m;

R_1、R_2——分别指两相间形成液膜的曲率半径,m。

从上式看出,毛细管压力的大小与多孔介质的直径成反比。由于低渗透层的平均孔隙直径比中高渗储层要小得多,所以低渗透储层水锁效应更严重一些。

二是毛细管力滞留效应。根据泊肃叶定律,毛细管排除液柱的体积 Q 为:

$$Q = \frac{\pi r^4 \left(P - \frac{2\sigma\cos\theta}{r}\right)}{8\mu L} \tag{4-2}$$

式中:r——毛细管半径;

L——液柱长度;

P——驱动压力;

μ——外来流体的黏度。换算为线速度,则上式成为:

$$\frac{dL}{dt} = \frac{\pi r^4 \left(P - \frac{2\sigma\cos\theta}{r}\right)}{8\mu L} \tag{4-3}$$

积分得出从半径为 r 的毛细管中排出长度为 L 的液柱所需的时间为:

$$t = \frac{4\mu L^2}{Pr^2 - 2r\sigma\cos\theta} \tag{4-4}$$

由此可见,水锁损害与储层内在因素(孔喉半径)有关外,还与侵入流体的表面张力、润湿角、流体黏度以及驱动压差和外来流体的侵入深度等外在因素有关。渗透率越低,孔喉半径越小,油层压力越低,越容易产生水锁损害,且越难以解除其损害。

2.水锁伤害解堵室内试验

(1)试验药剂。活性剂系列为市售工业品,CJS系列为实验室自制,试验用水为纯梁污水,酸液为市售工业品。

(2)试验仪器。界面张力测定仪(美国产)、膨胀仪(青岛产)、岩心流动试验装置(自制)、平流柱塞泵(北京产)、红外干燥箱等。

(3)试验与测试方法。

一是天然岩心的处理。将纯梁采油厂低渗透油田的天然岩心沿所取全直径岩心垂直轴向方向,钻取和切割小岩样若干,并记录岩样的直径和长度。然后用3:1的苯+酒精抽提洗油,直到蒸馏抽提器中溶液达到无色透明为止。最后放入温度为 65℃ 的恒温箱中烘干,直到岩样恒重。对岩样进行称重编号,并用箭头标出岩样正反向,放置在干燥器中备用。

二是界面张力的测定。脱环法是使一圆环水平地接触液面,测量将环拉离液面过程中所施加的最大拉力。将表面活性剂或解水锁剂配成一定浓度的水溶液,在室温条件下用悬滴式界面张力计测定其表面张力和界面张力。

三是润湿性的测定。用地层水稀释各种试剂,分别配制成三个不同浓度的溶液,用原油和界面张力仪测其油-地层水之间的界面张力以及油-各试剂溶液之间的界面张力,对比结果优选出一种较好的试剂。将表面活性剂或解水锁剂配成一定浓度的水溶液,在室温条件下观察其润湿性或测定其接触角。

四是溶蚀率的测定。将解堵剂配成一定浓度的水溶液,在一定温度下放置一段时间,测定其对黏土和天然岩心碎屑(过 100 目)的溶蚀率。

五是防膨率的测定。将加工岩心所剩的岩样烘干后,粉碎,放入干燥器中干燥。称取 4g 岩心粉末,分别放入 10mL 量筒中,再分别加入自来水、油田水样和系列的阳离子稳定剂 CJS(质量分数为 1%),充分摇荡后,静置,观察记录黏土矿物随时间变化的高度。

六是解堵率的测定。岩心流动实验法的具体步骤为:①测定岩心几何尺寸,分三个不同方向测定岩心的直径和长度,然后取平均值作为岩心的直径和长度;②岩心抽真空饱和煤油,测煤油的渗透率;③然后反向注地层水至稳定,测其水相渗透率;④正向煤油驱至稳定后,再测煤油渗透率;⑤然后反向注地层水至稳定;⑥在 0.4~0.5MPa 压力下将配好的解水锁剂正向通入岩心,在试验温度下放置 12h;⑦正向注入煤油测油相渗透率 K_{o3},求出水锁对渗透率的损害 $I = K_{o2}/K_{o1} \times 100\%$ 及解堵率。

(4)室内试验。

一是黏土稳定与防膨试验。黏土膨胀是造成砂岩地层渗透率伤害的主要原因之一。因此,必须对地层黏土进行防膨稳定,如果已经膨胀了就要进行缩膨。将加工岩心所剩的天然岩样粉碎、烘干、过筛后,放入干燥器中干燥。称取 4g 岩心粉末,分别放入 10mL 量筒中,再分别加入自来水、纯梁采油厂水样和系列的阳离子稳定剂 CJS(质量分数为 1%),充分摇荡后,静置,观察记录黏土矿物随时间变化的高度,见表 4-1[①]。

---

① 本节表格均引自李道轩.薄互层低渗透油藏开发技术[M].东营:中国石油大学出版社,2007:272-275.

表 4-1   天然岩心碎屑稳定试验

试验用剂		不同试验时间黏土的高度/mL		
		0h	24h	48h
自来水		3.5	4.4	4.5
纯梁水样		3.5	4.5	4.7
稳定剂	CJS1	3.5	3.6	3.6
	CJS2	3.5	4.5	4.6
	CJS3	3.5	4.2	4.4
	CJS4	3.5	4	4.3
	CJS5	3.5	4.3	4.6
	CJS6	3.5	4.5	4.6
	CJS7	3.5	4	4.2
	CJS8	3.5	4.2	4.4
	CJS9	3.5	4.1	4.4
	CJS10	3.5	4	4.3
	CJS11	3.5	4.1	4.4

由此可知,CJS1 对纯梁油田天然岩心的黏土矿物具有较好的防膨和稳定效果,CJS4、CJS7 和 CJS10 也具有一定的防膨和稳定效果。

二是降低界面张力试验。降低油水的界面张力,可以提高水驱的洗油效率,并减少驱替的流动阻力。将表面活性剂溶液分别配制成不同浓度的水溶液,用表面张力计测定表面张力;用纯梁水样稀释所用试剂,稀释质量分数为 1%,分别测定各试剂的油水界面张力,见表 4-2。

表 4-2   不同活性剂的表面张力

样水配制	质量分数/%	表面张力/(mN·m^{-1})
阴离子活性剂 CJSB1	0.2	52.4
	0.4	26.5
	1	26.5

续表

样水配制	质量分数/%	表面张力/(mN·m^{-1})
非离子活性剂 CJSB2	0.2	40.2
	0.4	34.5
	1.0	34.2
阳离子活性剂 CJSB3	0.2	33.4
	0.4	33.2
	1	31.3
非离子活性剂 CJSB4	0.2	32.2
	0.4	27.3
	1	29.2
CJSB5	0.2	35.5
	0.4	28.5
	1	31.6
	2	33.4
CJSB6	0.2	52.4
	0.4	56.2
	1	58.5

由此可知,和空白水样的表面张力相比,以上试剂的表面张力都明显下降,阴离子活性剂 CJSB1 降低表面张力的效果最好,但从成本以及和其他添加剂的协同效应考虑,我们选择阳离子表面活性剂 CJSB3 和非离子表面活性剂 CJSB4。

(3)溶蚀率试验。为了解除固体颗粒造成的堵塞,必须进行解堵。选择几种解堵剂在室温和 60℃下分别测定了其对天然岩心碎屑的溶蚀率。取储层岩心烘干破碎至 0.9~4mm,用 5% 的 JDJ 系列试剂溶蚀岩屑 2h,溶蚀率及分散率见表 4-3。

表 4-3 JDJ 系列溶蚀率试验数据表

试剂	岩心原重/g	溶蚀后烘干重/g	过筛后重/g	溶蚀率/%	分散率/%
JDJ1	10.00	9.53	9.5	4.62	0.37

试剂	岩心原重/g	溶蚀后烘干重/g	过筛后重/g	溶蚀率/%	分散率/%
JDJ2	10.00	9.33	9.19	6.69	1.53
JDJ3	10.00	9.39	9.2	6.07	2.05
JDJ4	10.00	9.26	8.64	7.42	6.64
JDJ5	10.00	9.74	9.6	2.58	1.39

由此可知,JDJ4 的溶蚀率和分散率是最好的,溶蚀率可以达到 7% 以上。故选择 JDJ4 作为溶蚀分散剂来解除固相颗粒的堵塞。

综合黏土稳定试验、表面张力试验、润湿性试验和解堵试验的结果,研制筛选出了解除水伤害的解水锁剂 HCY。

(4)岩心流动解堵试验。

一是不同渗透率岩心的解堵试验。HCY 水伤害综合解堵剂与油水具有很好的互溶性,进入地层后,能消除油水乳状液造成的贾敏效应,降低水锁对地层的伤害。HCY 在相同条件下进行的岩心流动试验,结果见表 4-4。

表 4-4 不同岩心渗透率变化数据表

岩心号	$K_{o1}/(\times 10^{-3}\mu m^2)$	$K_{o2}/(\times 10^{-3}\mu m^2)$	损害率/%	$K_{o3}/(\times 10^{-3}\mu m^2)$	渗透率恢复率/%
1	6.79	3.63	46.54	5.85	86.16
2	3.93	2.45	37.66	3.5	89.06
3	2.01	0.64	68.16	1.65	82.09
4	1.29	0.58	55.04	1.04	80.62
5	0.58	0.34	41.38	0.46	79.31

由此可知,研制的 HCY 在室内岩心流动试验中,水伤害解除率均达到 75% 以上,最好的接近 90%。

二是不同压差下的解堵率。不同压差注入解水锁剂 HCY,渗透率恢复值也不同,用 3 块岩心在不同压差下分别测其渗透率恢复值,其结果见表 4-5。

由此可知,随着驱替压差的增大,渗透率恢复更大,当驱替压差增加到

3.0MPa 时,渗透率恢复均达到了 85% 以上。

表 4-5　不同压差下渗透率恢复值

岩心号	$K_{o1}/(\times 10^{-3}\mu m^2)$	压差/MPa	$K_{o3}/(\times 10^{-3}\mu m^2)$	渗透率恢复率/%
1	6.79	2.0	5.12	75.41
	6.79	2.5	5.28	77.76
	6.79	3.0	5.83	85.86
2	3.93	2.0	3.11	79.13
	3.93	2.5	3.35	85.24
	3.93	3.0	3.41	86.77
3	2.01	2.0	1.56	77.61
	2.01	2.5	1.68	83.58
	2.01	3.0	1.74	86.57

(5)解除水锁伤害机理。

一是 HCY 中的防膨缩膨剂,不仅可以防止黏土的膨胀、分散和运移,还可以改变扩散双层,对黏土矿物进行稳定,部分解除由于黏土膨胀和运移造成的地层伤害。

二是 HCY 中的表面活性剂可以大幅降低油水界面张力,防止并解除由于乳化造成的地层伤害,增大驱替的能量,进而提高水驱的效果。

三是 HCY 中的表面活性剂可以改变岩石表面的润湿性,使岩石表面表现出强亲水性,解除由于表面油润湿造成的伤害。

四是 HCY 中含有可以解除机械杂质等伤害的综合解堵剂,可以解除各种无机和有机物的堵塞。

五是研制开发综合型的解水锁剂 HCY,可以有效地解除由于水伤害造成的地层污染和伤害,并能很好地保护油气层。

(三)酸化转向与分层酸化技术

纯梁采油厂低渗透油藏油层层多而薄、非均质性严重,当对这类井进行酸化时,势必造成有的层吸酸多,有的层吸酸少,甚至个别层不吸酸,严重影响了酸化效果。针对这一问题,纯梁采油厂工艺所开展了酸化转向技术与分层酸化技术的研究与应用,即对不能用封隔器卡分的井采用酸化转向技术进行酸化,对能用封隔器卡分的井,采用分层酸化工艺管柱进行酸化,现场应用后取得了较好的效果。

1. 酸化转向技术

(1)主要材料。

一是树脂类:石油树脂(PO)、改性烃类树脂(PA)、改性酚醛树脂(PF)、油溶性纤维(PS)等为市售工业品或室内样品。

二是 OR 系列无机盐(铝酸盐类、硼酸盐类)、NO 系列有机酸盐(含苯环的有机酸盐系列)等均为化学试剂(CP)。

三是造岩心:不同粒度的石英砂用磷酸铝胶接经加压成型、高温煅烧而成,尺寸为 $\phi25\times300mm(K=0\sim20.0\mu m^2)$。

四是天然岩心:纯梁采油厂低渗透油藏岩心。

五是模拟油:煤油经过滤和脱色。

六是模拟地层水:总矿化度为 30000mg/L。

七是纯梁污水。

八是活性剂:市售工业品。

(2)主要仪器。酸化转向技术的主要仪器包括岩心流动试验装置(自制)、红外干燥箱和电子天平等。

(3)实验与测试方法。

一是溶解性试验。将转向剂固体样磨成粉末并过 100 目筛,分别称取 2g 加入 100mL 煤油(水)中,在 60℃下恒温 24h,并不时搅拌,趁热过滤,用热煤油(热水)冲洗 3~4 次,再用石油醚(30~60℃)冲洗 1~2 次,将残渣在 60~80℃下烘干、称重,计算出油溶率(水溶率)。

二是稳定性试验。将转向剂固体样磨成粉末并过 100 目筛,配成 3%~10% 的水基悬浮液,选择 Hv-CMC 和 HPAM(M>800 万,水解率大于 15%)两种高分子聚合物,在清水中加入 0.8%~1.0% 的 Hv-CMC 或 0.3%~0.5% 的 HPAM,充分搅拌后,静止观察其沉降和分层情况。

三是分散性试验。将转向剂固体样研磨并过 100 目筛,选用 OP 系列活性剂和十二烷基苯磺酸钠配制成不同浓度的水溶液,在配制好的水溶液中加入 3%~10%(质量分数)的转向剂,充分搅拌后,室内静止观察其分散情况。

四是酸溶性试验。分别选用土酸和 10% 的盐酸将 100g 过 100 目筛的转向剂固体氧浸泡其中,48h 后过滤烘干计算其酸溶率。

五是岩心流动实验。

单岩心流动实验:将岩心抽空饱和煤油后,正向水驱测原始水相渗透率 K_{w1},然后反向油驱测油相渗透率 K_{o1};正向挤转向剂并恒温一段时间后,先正向水驱测水相渗透率 K_{w2},再反向油驱测油相渗透率 K_{o2};由(K_{w1} — K_{w2})/K 计算出暂堵率,由 K_{o2}/K_{o1} 计算出解堵率。

双岩心平行流动实验:选择渗透率不同的两块人造岩心,抽空饱和模拟地层水,正向水驱替至稳定后测定转向前水相渗透率 K_1,正向挤入一定量的转向剂,恒温 24h 后正向水驱测转向后的水相渗透率 K_2,取其中一块岩心反向水驱测 K_3,另一块继续正向水驱测 K_3(分别模拟水井解堵和油井解堵),根据 $\eta_w = (K_1 - K_2)/K_1$ 和 $\eta_K = K_3/K_1$ 分别计算转向率和岩心渗透率恢复值(解堵率)。

(4)YZX 油溶性转向剂室内研究。选用不同型号的石油树脂(PO)、酚醛树脂(PF)、改性烃类树脂(PA)等,并添加合适的分散剂、稳定剂,研制出油溶性酸化转向剂 YZX,并对其油溶性、分散稳定性和酸溶性等进行试验评价。

一是油溶性试验。油溶率是油溶性转向保护剂最重要的指标。称取 YZX2g,加入 100mL 的煤油中,在室温和 40℃、60℃下恒温 24h,然后过滤,将残渣烘干、称重,计算出油溶率。通过实验可知,YZX 具有较好的油溶性,在实验条件下,油溶性均在 95% 以上。

二是分散性试验。将 YZX 配成 3%~5% 的水基悬浮液,加入 0.01%~0.02% 的分散剂(活性剂),就可以使其均匀分散,不漂浮,不沉淀。为防止起泡可加入适量的消泡剂。

三是稳定性试验。为保证转向剂颗粒在水中不漂浮、不沉淀需加入适量的高分子聚合物,以提高其悬浮稳定性。我们选择了 Hv-CMC 和 HPAM(M>800 万,水解率大于 15%)两种高分子聚合物,在清水中加入 0.8%~1.0% 的 Hv-CMC 或 0.3%~0.5% 的 HPAM,可使 3%~5% 的转向剂具有较好的悬浮稳定性,2~4h 不出现明显分层现象。将 YZX 配成 3%~5% 的水基悬浮液,加入 0.01%~0.02% 的分散剂(活性剂),再加入 0.2%~0.4% 的稳定剂(聚合物),就可以使其水溶液具有较好的悬浮稳定性,在 2~4h 不出现明显的分层现象。

四是酸溶性试验。酸化转向剂应不具备酸溶性。我们分别选用土酸和 10% 的盐酸将 1008 过 100 目筛的转向材料浸泡其中,48h 后过滤烘干计算其酸溶蚀率,试验结果是酸溶蚀率均小于 0.1%,因此酸液对转向剂基本上无溶解作用。

五是岩心流动试验。

油溶性转向剂的配制。用自来水将 YZX 配成质量分数为 3%～8% 的悬浮液,并加入适量的分散剂和稳定剂,即可配成 YZX 油溶性转向剂的水剂悬浮液。

不同转向剂浓度的暂堵率和解堵率。选取渗透率(5μm² 左右)相近的人造岩心在相同试验条件(温度 70℃,YZX 转向剂平均粒径 3.8μm,注入量 5PV,返排 50PV)下,测试不同浓度转向剂对人造岩心暂堵率和油相渗透率。

在试验条件下,对于渗透率 4.00～5.00μm² 的人造岩心,转向剂浓度对暂堵效果有一定的影响,随着转向剂浓度的增大,暂堵率有所提高,油相渗透率恢复值则稍有下降。这说明随着浓度的增大,粒子架桥封堵的密度增大,暂堵率就会提高,用煤油返排时油相渗透率恢复也较慢。为满足转向和解堵两方面要求,选择 3% 左右的注入浓度为宜。

不同转向剂注入量的暂堵率和解堵率。在相同试验条件(岩心渗透率 5μm² 左右,温度 70℃,堵剂粒径 3.8,质量分数 3%,返排 50PV)下,不同注入量对暂堵率和油相渗透率恢复值的影响不同,转向剂注入量增多,暂堵率相应增大,解堵率略有下降。这说明随着转向剂注入量的增大,固相颗粒侵入深度越深,架桥和交联密度愈大,暂堵转向效果就越好,而油相渗透率恢复也越慢,且恢复值(解堵率)稍有下降。考虑到转向和解堵及经济方面的原因,选择 3～5PV 的注入量较合适。

不同渗透率岩心的转向率和解堵率。研制的 YZX 油溶性转向剂在作为油井入井流体转向剂使用时,既要求具有较强的暂堵转向强度,又要求开井生产时可被油流溶解而自行解堵,这样才能既减少入井流体的漏失,又较好地保护油气层产能。

在试验条件和相应的堵剂粒径条件下,随着人造岩心渗透率的增大,暂堵转向率可达到 98% 以上,解堵率达到 90% 以上,突破压力梯度达到 8MPa/m 以上,而返排时压差则由 2.0MPa/m 下降到 0.5MPa/m。这说明 YZX 油溶性转向剂对不同渗透率岩心均具有较好的转向效果,而又能较容易地被油流逐渐溶解或排出,使油相渗透率逐渐得到恢复,从而达到自行解堵保护油气层的目的。

2. 分层酸化技术

纯梁采油厂低渗透油田使用的分层酸化工艺管柱主要有以下两种:

(1)由 K344F、745-6 滑套式节流器、密封座、745-5J、十字架、球、球座等井下工具配套组成。由于 K344-114/115F 在施工中易解封且其密封件耐压低(小于 15MPa),不能满足分层酸化的需要。

(2)由 Y211GF、745-6 滑套式节流器、密封座、筛管、丝堵等井下工具配套组成。由于 Y211GF 在下井过程中易坐封,严重影响了密封件的密封性能,不能满足分层酸化的需要。

上述使用的分层酸化管柱不能较好地满足纯梁采油厂低渗透油田分层酸化施工的要求,从采油院、中原油田引进,应用了如下分层酸化管柱:

一是该管柱由水力锚、Y341F(耐温<120℃、耐压≤32MPa)、滑套、筛管、丝堵组成。

工艺过程:投 ϕ30mm 钢球,滑套 1 在 20MPa 左右被打掉,保证 Y341F1、Y341F2 坐封,同时为油层 1 提供进液通道并进行酸化施工;投 ϕ45~50mm 钢球,滑套 2 在 8~10MPa 被打掉,打开后密封油层 1,同时为油层 2 提供进液通道并进行酸化施工。即通过依次投球实现从下到上逐层酸化,酸化完成后进行反洗井,起出酸化施工管柱,下入生产管柱生产。Y341F1 用于密封油层 1、油层 2,Y341F2 用于保护套管。

技术特点:不动管柱对二层进行分层酸化;解封安全可靠;耐压差不大于 32MPa,耐温不高于 120℃;适于 2500m 深 121~124mm 套管内径的井;施工后可进行反洗井。

二是由 KY341-115 酸化封隔器、分流开关、油套连通阀、水力锚等配套工具组成。

工艺过程:向油管内投入第一个钢球并向油管内泵注酸液,打开最下面一层分流开关,同时最下面一层的两个酸化封隔器坐封,先对下层进行酸化;然后投入第二个钢球,打开自下而上第二层分流开关,关闭下层分流开关,向油管内泵注酸液,自下而上第二层两个酸化封隔器坐封,对第二层进行酸化。通过依次投球实现从下到上逐层酸化,酸化完成后进行反洗井,起出酸化施工管柱,下入生产管柱生产。

技术特点:不动管柱对四层进行分层酸化;解封安全可靠,克服同类封隔器多级使用解封困难的缺点;耐压差不大于 45MPa,耐温不高于 120℃;适于 2500m 深 121~124mm 套管内径的井;施工后可进行反洗井。

三、薄互层低渗透油田酸化工艺优化

（一）酸化的选井选层

选井选层是酸化措施成功与否的一个重要步骤。酸化选井选层一般要考虑如下因素：

第一，目的层初期具有一定的渗流能力。

第二，能够判断目的层受到污染，具有一定的表皮系数，确定损害带半径和损害带渗透率损害程度。

第三，对目的层矿物成分及历年作业措施资料进行分析，确定酸化规模和用酸类型。

第四，固井质量要好，以免酸化窜层，影响酸化效果。

（二）合理的酸化工作液

合理的酸化工作液使用程序如下：

第一，用稀酸和热水洗井，清洗井筒内的油污，油、套管壁的无机垢，减小酸化过程中对油层的伤害，减少 HF 消耗，防止氟化物生成。

第二，注洗油剂，溶解油污，解除堵塞。

第三，注前置酸溶解储层的碳酸盐岩矿物，增大孔隙，隔离地层水，保持环境的低 pH 值。

第四，注主体酸解除其他堵塞物，溶解长石和黏土，增大孔渗。

第五，注后置酸将主体酸推至储层深部，使 H_2SiF_6 参与反应，增大酸蚀距离。

第六，注活性水和防膨剂，将酸液推到地层深部，同时稳定黏土，防止伤害。

（三）施工参数优化

为了取得好的酸化效果，刚好解除储层的堵塞，而又尽量减小二次反应产生的伤害产物，就需要对施工中的重要参数进行优化。

第一，泵压的确定。确定储层的破裂压力梯度是 0.022MPa/m，根据井底压力与地面泵压的关系，确定泵压在 25～33MPa 之间。

第二，排量的确定。在优化设计中，采用最大排量压差法较好，因此根据最大排量的需要控制的井底压力,可以计算出施工中不同时间的排量。确定排量在 $0.3 \sim 0.7 m^3/min$。

第三,用量的确定。通过模拟计算,确定榆树林油田的酸液用量和清洗剂的用量为:清洗剂为 $0.3 \sim 0.4 m^3/m$,前置酸为 $1.0 \sim 1.5 m^3/m$,主体酸为 $1.0 \sim 1.75 m^3/m$,后置酸为 $0.75 \sim 1.0 m^3/m$,顶替液为 $10 m^3/m$。

第四,关井反应时间的确定。根据新的理论分析和选择的工作液的特点,建议对榆树林特低渗透储层的水井酸化不进行返排,减小反应产物对酸化效果的影响。不返排的原因为:①低渗透储层,压力传导慢,返排不尽;②返排初期排量大,易导致微粒在井筒附近形成伤害;③返排慢,时间长,易生成二次沉淀物;④孔隙体积是距离的幂函数,距离是敏感参数;⑤在配方优化和施工参数优化中,已经考虑酸化所造成的二次伤害问题。

第二节　薄互层低渗透油藏开采工艺配套技术

一、机械采油技术

纯梁采油厂所辖油田,油藏类型多、地质构造复杂,其中的纯化、大芦湖、正北等油田属于低渗、特渗透油田,油层埋藏深度在 $2300 \sim 3300m$,油层薄、物性差,经过十多年的开采,地层压力逐年下降,现有杆泵抽油井 780口,其中约有 1/3 的"三低"井(低渗透、低液面、低产能)。调查发现 296 口井平均动液面在 1000m 以下,而注水效果差或无注水井的油井动液面下降得更低,达到 2000m 以下,日产液量低于 $10 m^3$,因此,对这部分井常规的有杆泵抽油方式已不能满足需要,需采取一系列配套机械采油技术,如加深泵挂,对油井进行深抽,是目前油井增产的一项有效措施。

(一)综合治理频繁检泵井

1. 频繁检泵的因素

检泵是油井维护正常生产的一项重要措施。影响油井检泵的因素多种多样,既有地下因素,也有地面因素;既有技术因素,也有管理因素。各种因素相互影响、相互作用,任何一个环节出了问题都会造成油井频繁检泵。

（1）偏磨的影响。偏磨主要是由于抽油杆在下行程中受到了除重力以外的其他力的作用，在井筒中是抽油杆运动偏离油管中心线而产生偏磨。另外一定长度的抽油杆在井内总是产生挠性弯曲，随着运动的往复，挠性弯曲会产生侧向力，使抽油杆侧向偏磨油管内壁，也是导致偏磨的一个因素。特别是油井油层渗透率低，泵挂深，偏磨现象更为突出。在对 50 口频繁检泵井作业井史的调查中发现，有 29 口井有偏磨史。偏磨位置主要分布在泵到泵上 200～500m 处。因偏磨检泵比例也在逐年升高。

（2）腐蚀与结垢的影响。在纯化油田 50 口井中综合含水 80% 以上的油井有 11 口，经现场调查，主要表现在抽油杆、油管本体、接箍、丝扣、深井泵阀罩、阀腐蚀严重。在井筒中多发生在 1700m 以上井段，特别是 1000～1500m 尤为明显。腐蚀部位点蚀或坑蚀明显，点蚀区内充满黑色腐蚀产物，用盐酸处理放出有臭鸡蛋味的气体。根据油井腐蚀产物分析结果，绘出饼状图，可以直观地看出各种腐蚀成分所占的比例。由此可见，油井腐蚀产物主要为硫化物、铁的其他腐蚀产物、碳酸盐结垢物和砂等杂质。

（3）偏磨和腐蚀的协同效应。由于油井本身存在着不同程度的倾斜，抽油杆在上下运动过程中与油管产生不同程度的接触、摩擦和碰撞，从而产生偏磨，严重时表现为油管穿孔、抽油杆断脱等。而腐蚀加速了油管穿孔或抽油杆断裂。

偏磨和腐蚀不是简单的叠加，而是相互作用、相互促进，二者结合具有更大的破坏性。在重载荷下管杆偏磨，表面产生热能，使管杆表面铁分子活化，而产出液具有强腐蚀性，使偏磨处优先被腐蚀。由于偏磨处表面被活化，成为电化学腐蚀的阳极，形成了大阴极小阳极的电化学腐蚀，而产出液是强电解质，具有强腐蚀性，对电化学腐蚀起到一个催化作用，更加剧了腐蚀。

由于腐蚀，管杆表面粗糙，造成更严重的磨损，如此恶性循环，促使腐蚀偏磨加剧。同时，含水上升导致管杆腐蚀偏磨加剧。当产出液含水大于74% 时，产出液转相，由油包水型转为水包油型，管杆表面失去了原油的保护作用，导致两个现象的产生：一是产出水直接接触金属，腐蚀加剧；二是摩擦的润滑剂由原油变为产出水，失去原油的润滑作用，使磨损加剧。

（4）杆管更新不及时。同一口井，由于抽油杆、油管使用时间不一致，疲劳差异较大。使用时间长、疲劳程度大的首先断裂。特别是部分低产井，供液能力较差，泵挂深度一般都在 2000～2500m，因此，中下部杆、管在交变载荷的作用下，不断地拉伸和挤压，容易发生抽油杆脱扣和断裂、油管丝扣老化等现象。

2.综合治理技术的配套发展

(1)防偏磨工艺配套模式。近年来防偏磨工艺种类比较多,概括起来可分为三类:①扶正短节类,扶正块由碳纤维制成,问题是扶正块不耐磨,有效期短;②扶正杆类,在特殊处理抽油杆上安装活动扶正套,从理论上讲扶正套运行到油井的拐点时自动停止,抽油杆本体与扶正套内壁相对运动,管杆不直接接触,避免杆管的偏磨。但实际上扶正套和油管继续接触磨损,有效期较短,而且价格高,只能少量地应用,由于纯梁油田的油井偏磨井段长,应用少量的扶正杆不能解决油井的实际问题;③扶正接箍类,主要是在普通接箍的表面进行喷焊处理,硬度高,耐磨程度高,可很好地保护抽油杆以延长油井的免修期。但是容易造成油管磨损增加,产生管破现象。在应用以上的防偏磨工艺后,虽然不同程度地延长了油井免修期,但是防偏磨措施没有一个质的飞跃,油井的免修期没有大幅的提高。

针对上述问题,胜利油田纯梁采油厂工艺所设计了调弯防脱扶正器,并获得国家专利。该工艺具有三项功能:一是调弯功能,设计活节,可以自动调节杆柱在井下的弯曲,减少了磨损;二是扶正功能,在活节两端设计耐磨扶正器,由一点接触结构变为线接触,增大摩擦面,减少了单位摩擦面上的径向力,可延长使用寿命,且不转移弯曲点;三是防脱功能,可防止抽油杆脱扣。

根据油井的情况不同,可以探索四项防偏磨工艺模式,具体如下:

模式一:油管锚定＋调弯防脱扶正加重杆＋调弯防脱扶正器＋扶正短节(扭卡式扶正器)。该配套是针对泵挂深(1500～2200m),杆柱底部偏磨严重,通过应用调弯防脱扶正加重杆后使杆柱中和点下移,中和点以下到偏磨位置全部用调弯防脱扶正器,偏磨段以上应用少量的常规扶正器进行扶正,可减少作业费用的投入。

模式二:调弯防脱扶正加重杆＋调弯防脱扶正器＋抽油杆旋转器。该配套是针对泵挂浅(1000m以内),基本全井偏磨,通过调弯防脱扶正器的扶正,增加耐磨强度,而抽油杆旋转器使杆柱在油管内均匀转动,延长了油管的使用寿命。

模式三:油管锚定＋加重杆(ϕ42mm)＋防偏磨接箍。该配套是针对泵挂在1500m左右,油井轻微偏磨,在偏磨段安装防偏磨接箍,既不改变偏磨位置,又可防止油井杆管的磨损,施工简单方便。

模式四：钢连续杆＋皮带机配套工艺。该配套是针对泵挂在 2500m 左右的深抽井，可使抽油系统运行平稳，有效期在 1 年以上。

（2）防腐、防垢配套工艺。油井随着含水的升高，杆管的偏磨、腐蚀、结垢相互作用，腐蚀严重的井杆管磨损加速，每次作业需要更换大量的杆管。同时，由于油井结垢，作业时杆管壁上附着大量的垢片或垢渣，为了防止油井在生产或杆管下井过程中垢卡票和堵死固定阀，还必须更换大量的杆管。在防腐、防垢方面，主要应用三项工艺技术：一是研制推广了泵上污物捕集器和固定阀保护器，防止油井结垢堵死固定阀，配套两项工艺后，作业时对于结垢的杆管一般不许更换，以节约杆管费用；二是应用强磁防垢缓蚀器和固体缓蚀器延缓油井的结垢；三是根据油井的区块不同，优选了除垢剂、缓蚀剂，定期井口加药来防止油井的腐蚀、结垢。

（二）深抽技术

1. 深抽的设计原则

深抽相对油井而言，就是当抽吸能力使液面抽到距油层中深的高度形成的压差接近饱和压力时的深度。

在相同的地质条件下，采油压差越大，油井的产量越高。但在地层压力一定的情况下，当采油压差大到一定程度，流动压力低于饱和压力时，井筒甚至油层脱气，油气比上升，原油黏度增高，流动阻力增大，严重时油层结蜡、出砂，大大降低油层的渗流能力；在地层压力低于饱和压力的情况下，采油是不合理的，一旦出现这种状况，必须采取措施调整注采比，进行油层改造，恢复地层压力。

油井生产系统，要以油井供液能力（曲线）为依据，以整个系统的协调为基础，要充分考虑油层、井筒、排出系统工作规律、相互作用和其对油井生产动态的影响，参数的设计要依据油藏地质配产、地层压力、饱和压力、采油指数、流体物性（如稠油油藏、油气比大小等）来确定。

泵深的确定受油藏地质配产、地层压力、饱和压力、采油指数、流体物性等参数的影响。由协调图可以看出，从协调点向左移，将降低油井产量，相应泵挂深度可上提；向右移，将提高油井产量，井底流压就会降低，相应泵挂要加深，而当井底压力降到饱和压力以下时，原油将因脱气而降低泵的吸入能力。泵挂的加深，不仅增加了悬点载荷和抽油杆的应力比，还会增加冲程损失，不利于泵效提高。所以，在沉没度一定的情况下，并不是越深越好，而是要有一个合理的界线。

2.配套工艺技术

深抽井的特点是悬点负荷大,特别是上冲程振动载荷增大,对抽油设备承载要求高,同时纯化、大户湖油田偏磨腐蚀、结垢给有杆泵抽油系统配套带来新的困难。针对这些问题,应大胆应用新工艺、新技术。

(1)配套高强度杆、钢连续杆。HY级超高强度杆比同规格的D级杆强度提高25%～30%,在相同载荷条件下使用,其疲劳寿命是普通D级杆的3倍左右,这不仅能够满足大泵、深抽、强采、重载荷、小井眼特殊井,而且其抗拉强度高、弹性好、抗弯耐磨,适应恶劣工况下的运行要求,可以有效地防止发生在D级杆上的偏磨现象和断杆事故。且小规格的超高强度杆可代替大规格的D级杆使用,相对地减少了抽油杆柱的重量,平均减重可达原杆柱重量的25%,随之降低了抽油机悬点载荷。

钢连续杆有很多普通杆不可取代的优点:由于没有连接的接头,可以大幅降低抽油杆的失效频率,杆柱较普通杆轻8%～10%;常规钢杆与油管内表面接触是两圆内切,接触点必然是1个,这种点接触增大了正压力,使接触部分磨损加剧,钢连续杆横截面为半椭圆形,在曲率半径相同的油管中为线接触,油管内半径小于曲率半径时,接触点不少于2个;提高了起下油管的速度,一般可提高3倍以上,劳动强度降低90%;可减少活塞效应。

(2)配套新型抽油机、抽油泵。目前油井配套抽油机主要以12型为主,在部分井配套了高原的系列型皮带机。抽油泵主要应用DFCYB型等径柱塞泵,该泵采用等径刮砂柱塞结构。抽吸原理与常规抽油泵相同。其独特之处在于:防砂卡、防砂磨和自冲洗特性;由于柱塞只运动于最小摩擦力状态下,所以,可最大限度延长柱塞的使用寿命,延长油井的生产周期。

(3)配套其他工具。

加重杆:采用底部加重是防止杆柱底部抽油杆弯曲的有效方法,它能使杆柱中和点下移,通过中和点计算,可以使中和点移到加重杆上,防止杆柱弯曲。

油管锚:主要使油管在井内处于拉伸状态,预防由于油管的弯曲而造成杆、管之间偏磨。目前主要采用FXM441-112油管锚。

调弯扶正器,是自行研制开发出的一种多功能井下工具,它具有三项功能:一是调弯功能,可以自动调节杆柱的弯曲;二是扶正功能,由一点接触结构变为两处面接触,增大摩擦面;三是防脱功能,可防止抽油杆脱扣。

反洗井防污染装置：因反洗井造成油层污染，应用该装置，使洗井液和油层隔开，避免入井液污染油层。

二、注水配套技术

（一）水质处理工艺技术

1. 金属膜精细过滤技术

金属膜过滤器[①]具有渗透性强、耐腐蚀性好、耐高温、使用寿命长、不需化学再生等优点。单台处理能力为 $300\sim5000\text{m}^3/\text{d}$，反洗压差小于 0.2MPa，操作压力小于 0.45MPa，反洗压力为 $0.45\sim0.6$MPa，操作温度低于 90℃。

目前在纯一注水站、纯五注水站已陆续采用了金属膜精细过滤，处理后，出水达到：含油质量浓度不大于 5mg/L；悬浮物质量浓度为 $1\sim3$mg/L；悬浮物颗粒粒径不大于 $2\mu\text{m}$。它较好地满足了纯化油田低渗透薄互层油藏的水质要求，下一步拟在其他注水站进一步推广应用。

2. 紫外线杀菌技术

紫外线杀菌技术是利用紫外线灯产生的 254nm 波长的紫外线，强烈破坏细菌细胞的 DNA 和 RNA 结构，从而达到杀菌的目的。从理论上讲，紫外线对任何细菌都有杀灭或抑制作用，只是不同细菌的耐受能力不同，因而可能需要不同的照射剂量。紫外线杀菌的优点是：①安全、环保性强，无二次污染，不会产生毒副作用；②能迅速有效杀灭各种病毒、细菌等微生物；③操作保养维护简单，成本低。

紫外线杀菌的缺点是：①紫外线不能直接照射到人的肌肤。②对水进行消毒时，水的浊度、色度及流速（$0.5\sim100\text{m}^3/\text{h}$）有一定要求。根据紫外线杀菌原理，结合前期国内外现场试验取得的经验，针对回注污水情况，在纯二注水站开展紫外线杀菌现场试验，取得良好效果。

---

① 金属膜过滤器是一种新型过滤器，膜滤芯采用多孔高级不锈钢薄壁空心过滤元件，采用金属不锈钢粉末烧结而成，可制成孔隙为 $1\sim100\mu\text{m}$ 精度的过滤设备。

（二）注水井试注技术

注水井正式注水前一般都要进行试注,所谓试注就是把井筒、井底和井眼附近的油层清洗干净,并采取相应措施,使注水井能够正常注水并达到配注指标要求。

1. 强排液转注技术

一般低渗透油田注水井在投注之前都要经过短期排液,通过采取强排深抽措施,在最短的时间内尽可能地排出油层内的堵塞物,对吸水能力特别差的井层还可通过压裂改造,为顺利投注和提高低渗透层的吸水能力创造条件。排液井采用螺杆泵比较优越,其一次性投资比有杆泵可降低50%~60%。

2. 不压裂、不排液试注技术

不压裂、不排液试注技术具有能保证注水井正常投注、能节约压裂和排液费用的优点。

不压裂、不排液试注技术的基本程序如下:

(1)射孔前彻底洗井,最后在井筒内留 500m 左右的活性水液柱,造成负压射孔的条件。

(2)采用高强度的 YD-89 弹射孔。

(3)短期抽吸(2d 左右),清除井底附近污物,如果发现油层有堵塞现象,则可进行小型酸化处理解堵。

(4)用热泡沫或混气水洗井,溶解和清除井眼附近地带的各种堵塞物质,以起到助排和洗涤作用。

(5)挤入一定数量的活性水,在活性水中加入黏土稳定剂(如 BCS-851 低分子长效黏土稳定剂)和防垢剂。

3. 热泡沫混气水洗井试注工艺技术

用泵车向井内挤入发泡剂和热水,按一定比例配制成泡沫洗井液(其密度和黏度可以调节),同时用压风机混气进行循环洗井。泡沫洗井液的作用有三个:一是降低井筒流体密度,使液柱压力低于地层静压,有利于油层堵塞物的排出;二是泡沫液黏度高,悬浮力强,有利于将排出物携带到地面;三是发泡剂是一种表面活性剂,与热水混合有利于改善近井地带岩石的表面性质,清除死油和石蜡等堵塞物。

(三)攻欠增注工艺技术

针对纯化油田地质状况及对欠注井堵塞成因的分析,2004 年以来我们不断引进新技术,优化酸液配方,根据油田地质情况、油层欠注原因,改进、完善增注工艺,主要推广应用了以下增注工艺:

1. 双重震源解堵技术

针对纯化油田油藏低孔、低渗、油层物性差的地质状况,单纯靠酸化增注作用距离短、解堵不彻底从而造成酸化有效率高但有效期短的实际情况,我们引进了双重震源解堵新技术,该技术的主要原理如下:

(1)双重震源结构及工作机理。它是以高压水流冲击推动滑块滑动和水利振荡产生双重振动作用于油层,振源对准油层,用水力锚固定在套管壁,通过控制套管阀门流量及在震源压力控制系统的协调下,使大排量流体从油套空间的循环推动多级振源上下谐振,同时高压水流向射孔段间歇喷射,在纵波及横波作用下使地层得以处理。

(2)增产增注机理。

一是振动产生空化效应,改变堵塞微粒运移,打通堵塞通道,增加孔隙连通性。

二是振动使孔隙体积突然增大或缩小,使油层中的溶解气或轻烃溢出,孔隙压力增高,增大了驱替能量。

三是使储层中微裂缝不断扩展,缝面间由于振动产生相对位移和摩擦,同时产生的微粒对微裂缝起支撑作用,提高了导流能力。

四是降低油与颗粒间的表面附着力。

五是高压水流向地层间歇喷射及震源上下振动的负压作用使处理流体流向地层深处,堵塞颗粒向井筒运移,使堵塞半径增大。

2. 聚硅纳米增注新技术

(1)聚硅材料增注机理。聚硅纳米材料的增注机理是:通过小尺寸效用、表面效应、量子尺寸效应以及宏观量子隧道效应等多种纳米效应,有效改善流体与岩石表面的动力学作用,使岩石表面由水湿变为油湿,降低了水流阻力,提高了注水在油层中的渗流能力。

（2）初始选井条件。

一是原始渗透率在$(10 \sim 80) \times 10^{-3} \mu m^2$，且尽可能无机械杂质、胶质和沥青质堵塞。

二是有一段注水开发期，近井范围岩石为水润湿的。

三是注水水质相对较好，长期连续注水（不少于半年）但注入水量较小$(10 \sim 30 m^3/d)$，注入压力较高（一般为 30MPa 左右）。

土施工井井下连通较好，注水压力可以及时扩散，跟其对应的油井油水关系较好。

第三节 薄互层低渗透油藏 CO_2 气驱开发应用

一、CO_2 混相驱驱油机理

下面通过 pVT 实验和微观实验两种方法，系统地研究 CO_2 混相驱的驱油机理。

（一）pVT 实验

利用中间容器进行大量的 pVT 实验，通过对 pVT 实验数据进行处理来分析 CO_2 驱替过程中的部分机理。

1. 实验过程

（1）将一定体积的原油放入中间容器。

（2）再向中间容器中注入 CO_2 到一定压力，封闭实验系统。

（3）将容器温度升到 92℃，用泵按照恒定速度压缩油气体积。

（4）记录不同时间容器内的压力变化过程，并对实验数据进行处理，整理得 $\dfrac{pV}{Z} - p$ 的关系曲线。

（5）改变油气比例，重复实验。

2. 实验结果分析

若注入的 CO_2 和原油之间不发生传质作用，没有溶解或汽化，则 $pV/$

Z 值与压力无关,是常数;若传质作用主要为溶解作用,则曲线将随着压力的增高而降低。在实验压力达到 7MPa 左右时的上升趋势最快,说明汽化过程最快。而达到 14MPa 以后,曲线变缓。根据后面的微观实验可以发现,变缓的原因主要是 CO_2 液化。所有的过程都表明,汽化与溶解、液化是同时进行的,汽化有利于 CO_2 分子与原油中各种分子(主要是轻质组分)的接触,促进了油气分子间的接触机会,有利于进一步混相,溶解则有利于降低原油黏度,改善原油的流动条件。因此,在 CO_2 与原油接触时,当压力上升到 7MPa 以上时,CO_2 汽化原油的现象明显。

(二)利用微观实验观察 CO_2 混相驱机理

利用高温高压微观实验系统,分别在静态和动态条件下,观察 CO_2 与原油的混相过程,并揭示 CO_2 混相驱机理。

1. 实验流程与方法

微观实验是一种可视化实验方法,通过观察单层透明模型中的流体流动,来揭示各种流动机理。实验采用的平面玻璃模型的大小为 $63mm \times 63mm$,孔隙区域的大小为 $40mm \times 40mm$,孔隙厚度为 $20 \sim 60\mu m$,孔隙宽度为 $20 \sim 300\mu m$。按照研究对象,设计实验过程如下:

(1)按照流程图安装流程。

(2)利用泵将原油驱替进入模型中,直到模型完全被油饱和。

(3)将 CO_2 气体升高到需要的实验压力。

(4)关闭饱和原油阀门和出口阀门,打开连接 CO_2 气体中间容器的阀门,然后保持 CO_2 气体压力不变。

(5)打开出口阀门,等 CO_2 进入模型后,关闭该阀门,并在压力保持一定时间后,观察油与 CO_2 界面的变化。

(6)稍微打开出口阀门,让 CO_2 发生流动,在流动过程中观察 CO_2 的状态和油气界面及原油的颜色变化。

(7)对以上过程进行全程摄像,并分析。

2. 实验结果分析

(1)静态实验分析。当流体为静止状态时,随压力的增加,CO_2 与原油界面上有轻微的不同:在 3.5MPa 下,原油与 CO_2 之间有明显的界面,且界面形状比较锐利;而在 15MPa 下,界面明显圆滑和模糊,其中模糊的区域是

CO_2 与原油形成的过渡带。同时,在实验过程中发现了 CO_2 具有很强的穿透作用,一些 CO_2 气泡会在力的作用下进入原油中,降低原油黏度,有利于原油的采出。

(2)流动条件下的实验分析。CO_2 与原油没有形成单相,油气各自占据自己的空间,还没有达到初次接触混相压力。所以,CO_2 混相的过程是一种动态混相过程,也就是多次接触混相过程。

在 CO_2 驱替作用下,在大油滴附近形成了浅棕色的透明液体,部分原油组分溶解 CO_2 后,易被 CO_2 气流携带走。因此,即使在低于混相压力的条件下,CO_2 驱仍然可以提高原油的采收率,增加原油的流动能力。

因此,不管压力低于混相压力还是高于混相压力,气体流动速度的增加,都增加了 CO_2 和原油的接触机会,有利于 CO_2 向原油中或原油向 CO_2 中的传质过程。从流动状态图像与静止状态图像对比可以发现,低于混相压力时,注入速度越快,形成的气体携带作用越强。同样,当压力达到或高于最低混相压力时,气体注入速度越快,混相速度就越快。

二、CO_2 驱油长岩心评价实验研究

由于实际地层远远大于实验室内部的标准岩心长度,所以实验室的测试结果不能客观反映实际地层中的油气流动特征。为此,设计了 CO_2 驱油长岩心评价实验。实验主要测试不同回压和不同含水率下的 CO_2 驱油效果,获得不同压力下的采收率、油气比变化规律,并给出注气时机。

(一)实验准备与流程

CO_2 驱油长岩心评价实验的实验温度为 92℃,二氧化碳是 99.9% 的高纯气体,原油是大庆榆树林油田的地下原油,地层水是按照大庆榆树林油田提供的配方配制的。岩心为人造石英砂岩岩心,岩心分段装入岩心夹持器,岩心总长度为 3m,直径为 6.5cm,孔隙度为 17.3%,渗透率为 $4.5 \times 10^{-3} \mu m^2$。

实验装置主要包括岩心夹持器、高压柱塞泵、中间容器、回压控制器、岩心出口计量部分、温度控制加热系统等。模型被水平放置在岩心夹持器中,高压柱塞泵和中间容器组成了流体驱替系统的压力和流体控制部分,它们直接控制着流体的注入类型、注入压力、注入速度。注入流体包括地层水、

原油、CO_2 气体,实验流程如图 4-1[①] 所示。

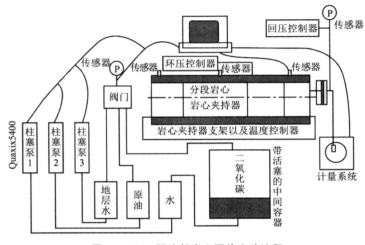

图 4-1　CO_2 驱油长岩心评价实验流程

(二)长岩心注水实验

将已经饱和好原油的模型进口改为水路,按照一定的注水速度注入地层水,按照一定的时间计量岩心出口端的油水产量和进口注水压力,并利用常规的计量手段,测试油水体积,计算不同时刻的采出程度和含水率的变化等。由此可知,长岩心注水的最终采收率为 23.0%,注入压力较高。

(三)长岩心注气实验

随回压或注气压力的升高,注气效果显著增加,当注气压力达到 7MPa 以上时,CO_2 与大庆榆树林油田原油将发生混相,极大地提高了油田的采收率,注气压力继续上升,采收率上升幅度明显降低;气油比随注气压力的上升而降低,压力大于混相压力后,最终的气油比在 20~30mL/mL。

---

① 李道轩.薄互层低渗透油藏开发技术[M].东营:中国石油大学出版社,2007:360.

第五章　薄互层低渗透油藏的开发方式探究

第一节　薄互层低渗透油藏开发方式概述

一、薄互层低渗透油田不同驱动方式的效果

低渗透油田边底水的作用十分有限,依靠油藏本身的弹性能量,当地层压力降至饱和压力时采出程度(亦即弹性采收率)很低,除异常高压油田外,最低只有 0.21%,最高也不过 3.2%,平均为 1.27%。"低渗透油田具有渗透率低、渗透不规律、弹性能量缺乏、注水效果不理想、产油量不稳定的特点,在低渗透油田中以上问题发生的概率比较多,针对以上的问题,我们主要从技术方面找到相应的解决措施,促进低渗透油田的进一步开发,有效地提升油田的开采量,提高油田的经济效益。"[①]

低渗透油田的溶解气驱采收率一般也都比较低。

为了说明这个问题和便于统一分析对比,下面利用经验公式方法,对溶解气驱采收率作初步计算分析:

$$E_R = 0.2126 \left[\frac{\phi(1 - S_{wi})}{B_{ob}} \right]^{0.1611} \times \left(\frac{K}{\mu_{ob}} \right)^{0.0979} \times S_{wi}^{0.3722} \times \left(\frac{p_b}{p_a} \right)^{0.1741}$$

$$(5-1)$$

式中:E_R——采收率,小数;

　　ϕ——地层平均有效孔隙度,小数;

　　S_{wi}——地层束缚水饱和度,小数;

　　B_{ob}——饱和压力下的原油体积系数;

　　μ_{ob}——饱和压力下地层原油黏度,mPa·s;

---

① 于长娥.低渗透油田开发中的问题分析及对策探讨[J].中国化工贸易,2018,10(29):237.

K ——地层平均绝对渗透率，$\times 10^{-3} \mu m^2$；

p_b ——饱和压力，MPa；

p_a ——油田开发结束时的地层废弃压力，MPa。

从式(5-1)可以看出，油层渗透率对油藏溶解气驱采收率有较大影响，渗透率越低，采收率也越低。

为了对比渗透率对溶解气驱采收率的影响程度，根据我国油田的一般情况假设6种不同性质油藏，用式(5-1)进行计算。6种油藏性质参数和溶解气驱采收率计算的结果列于表5-1[①]。

表 5-1　不同渗透率油藏溶解气驱采收率计算数据表

序号	油层孔隙度/小数	油层渗透率/($\times 10^{-3} \mu m^2$)	束缚水饱和度/小数	饱和压力下原油体积系数	饱和压力下原油黏度/(mPa·s)	饱和压力/MPa	油藏废弃压力/MPa	采收率计算结果/小数
1	0.22	500	0.35	1.4	2.0	15	3	0.226
2	0.20	300	0.40	1.4	2.0	15	3	0.220
3	0.18	100	0.45	1.4	2.0	15	3	0.200
4	0.17	50	0.50	1.4	2.0	15	3	0.190
5	0.16	10	0.50	1.4	2.0	15	3	0.148
6	0.16	1	0.50	1.4	2.0	15	3	0.128

从表5-1可以看出，低渗透油藏溶解气驱采收率与高渗透油藏溶解气驱采收率相差很多。如特低渗透($10 \times 10^{-3} \mu m^2$)油田溶解气驱采收率只有14.8%，仅为高渗透($500 \times 10^{-3} \mu m^2$)油田的65%。

为了和溶解气驱对比，另外对我国低渗透油田的水驱采收率也进行了初步计算。计算方法是应用我国石油专业储量委员会办公室归纳推导的经验公式：

$$E_R = 21.4289 \left(\frac{K}{\mu_0} \right)^{0.1316} \tag{5-2}$$

所有低渗透油田计算的水驱采收率都比弹性采收率及溶解气驱采收率合计值要高。个别油田(如火烧山)计算的水驱采收率可能比实际要高，那

---

① 本节图表引自李道轩. 薄互层低渗透油藏开发技术[M]. 东营：中国石油大学出版社，2007：164-174.

是火烧山油田开发状况不正常所造成的结果,并非正常规律。

综上所述,对低渗透油田采取水驱开发方式,亦即人工注水补充能量,保持压力的开发方式比较优越,可以获得较多的可采储量和较高的采收率。

关于人工补充能量的方式和时机,要具体分析,区别对待。

二、薄互层低渗透油田保持压力的方式分析

(一)注水保持压力开发方式

多数低渗透油田弹性能量小,渗流阻力大,能量消耗快,油井投产后,压力下降快,产量递减大。而且压力、产量降低之后,恢复起来十分困难。这样,在油田开发初期就容易形成低产的被动状态。

为避免产生这种被动局面,对天然能量小(弹性能量小,溶解气驱能力也不充足)的低渗透层油田一般要实行早期注水,保持地层压力的开发原则。

为确定合理的注水时机,大庆在朝阳沟油田和榆树林油田进行了专门的研究和试验。

朝阳沟油田朝 1-5 试验区,同步注水井区采油强度为 0.5t/(d·m),滞后 4～5 个月注水井区采油强度只有 0.27t/(d·m),同步注水采油强度要比晚注的高 85%,如图 5-1 所示。

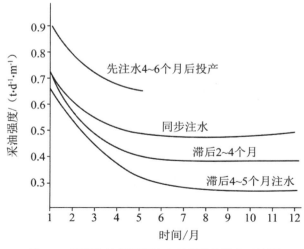

图 5-1　朝阳沟油田不同注水时机采油强度对比图

榆树林油田试验得到同样结果,同步注水的东 16 井区采油强度为 0.6t/(d·m),比晚注水的树 32、树 322 井区[0.25t/(d·m)]要高一倍多, 如图 5-2 所示。另外通过油藏数值模拟可明显看出,同步注水比晚注水地 层压力恢复快、水平高,如图 5-3 所示。

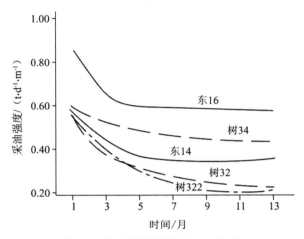

图 5-2 榆树林油田不同注水对比图

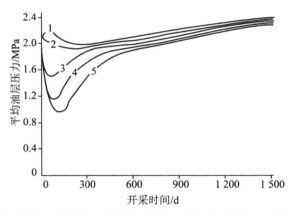

1—超前 2 个月;2—同步;3—滞后 2 个月;4—滞后 4 个月;5—滞后 5 个月

图 5-3 榆树林油田不同转注时间动态曲线

通过对吉林新民油田进行动态分析看出,及时注水地区生产井的压力 和产量都开始回升,形势较好。而尚未注水地区,油井压力和产量连续下 降,比注水区域要低 60%~80%,生产管理十分被动。

长庆安塞油田对 33 口受不同注水时间影响的采油井的见效情况进行

了分析对比,发现注采同步的生产井效果要好得多,产量上升,泵效较高;而晚 15 个月注水的生产井效果则相差很多,产量低,泵效低。

针对低渗透层油田的特点,同步采油注水及时补充地层能量,可以保持较高的压力水平,降低油井产量的递减速度,使油田开发一开始就能够保持稳定和主动的良好形势。

(二)注气保持压力开发方式

过去我国天然气探明储量很少,没有富余的资源用作注气,绝大多数油田都采用注水开发方式。现在天然气探明储量大幅增加,另外注水开发低渗透油田暴露出许多复杂问题。目前注气开发油田愈来愈引起人们的注意和重视。因此,以下对常规注气(即非混相驱)问题进行论述。

从国外油田开发历史来看,其实注气开发油田比注水开发要早。如美国,1937 年在堪萨斯州顾赫姆油田开始注气,1945 年才在米德维油田开始注水。

关于注水开发油田与注气开发油田的比较,目前较一致的认识是,在正常情况下,注水效果比注气效果好,但在油层含束缚水饱和度高和注水效果不好的情况下,注气也可能更为有利。如果可用边水来完全替换石油,就没有必要注气。只要地层含束缚水饱和度不高,用水驱油的效率总比用气驱油的效率要高。但同时注气比较简单,费用较少,基本没有风险,特别在含束缚水饱和度高的情况下,注气也有它的优越性。

前喀尔巴阡山区多林油田的曼尼利特油藏和皮特柯夫油田的曼尼利特油藏,这两个油藏的地质特征、井网部署和开采速度等条件十分相似,因而此项研究工作很有意义。从生产状况和技术经济指标的角度分析,注气保持压力开发方式比注水保持压力开发方式更为有效。注气保持压力开发方式的主要特点如下:

第一,注气方式比注水方式增产效果好。多林油田曼尼利特油藏注水增产油量为 48.93×10^4 t,占总累计产油量的 9.9%。皮特柯夫油田曼尼利特油藏注气增产油量为 85.7×10^4 t,占总累计产油量的 14.2%。按绝对增产油量比较,皮特柯夫油田注气比多林油田注水要多 75%。

第二,多林油田曼尼利特油藏注水井吸水能力大幅下降,皮特柯夫油田曼尼利特油藏注气井吸气能力稳定上升。多林油田注水压力从 1963 年的 9.8MPa 增加到 1969 年的 15MPa,而注水井平均日吸水量从 165m³ 降为

$80m^3$,1980 年进一步降到 $40m^3$。皮特柯夫油田注气井日吸气量 1963 年平均为 $4.4 \times 10^4 m^3$,1979 年增加到 $7.21 \times 10^4 m^3$。

第三,多林油田注水井和油井损坏严重,报废井大幅增加,皮特柯夫油田注气井和油井损坏情况较轻。多林油田报废井占总井数的 40%,注水后报废井增加 79%,皮特柯夫油田报废井仅占总井数的 19%,注气后报废井增加 24%。

第四,从经济指标对比看,注气方式也比注水方式优越。皮特柯夫油田曼尼利特油藏是"自流式"注气,即利用地下高压气层的天然气,直接"流入"油藏。这样省去了建设气体压缩站的费用,注气成本较低。为了使注气与注水对比条件保持对等,皮特柯夫油田曼尼利特油藏注气的经济指标人为地增加了建设气体高压压缩站的费用。注气保持地层压力方式的采油成本比注水方式低 50%～63%,注气方式增加 1t 采油量的费用比注水方式少 52%～78%。

综上所述,皮特柯夫油田曼尼利特油藏注气保持地层压力方式的开发效果和经济指标,明显优于多林油田曼尼利特油藏注水保持地层压力的开发方式。多林油田注水所出现的问题和我国实际情况很类似。

近年来,我国有些低渗透油田在编制开发方案时对注气保持地层压力的开发方式作了初步研究分析。例如:吐哈盆地丘陵油田,对侏罗系三间房组(J_2s)油层作了驱油试验,注气驱油效率为 54%～64%,注水驱油效率为 56%,气驱比水驱略高。但三间房组为厚层块状油藏,气驱波及体积较小,所以最后没有采用注气开发方式。

再如长庆安塞油田,室内岩心实验中,水相渗透率大于 $0.1 \times 10^{-3} \mu m^2$ 的岩样水驱油效率大于气驱油效率,水相渗透率 $0.1 \times 10^{-3} \mu m^2$ 的岩样则相反。气驱油效率达到 34%～60%,大于水驱油效率。BATE 模型进行数值模拟,注气开发采收率为 24.3%,注水开发采收率为 18.31%,注气比注水采收率高了 6%。1989 年开发安塞油田时,陕北地区天然气储量资源尚未探明,因而未考虑注气方式,仍用注水保持地层压力的开发方式。安塞油田注水开发初期效果较好,但油井见水后矛盾比较突出。

综上所述,结合我国实际情况,与注水开发方式相比较,注气开发方式的有利和不利因素可以归纳如下:

1. 有利因素

(1)吸气能力强,并且能够保持稳定,易于实现注采平衡,保持地层压力。

（2）注气流压低于注水流压，有利于避免裂缝张开，防止产生窜进现象。

（3）没有水质问题，可以避免一整套比较复杂的处理水质的工艺流程设备。

（4）因水质腐蚀和泥岩膨胀而造成的套管损坏问题较轻，报废井较少。

（5）油井见注入气的情况比见注入水的情况简单，比较容易管理。

2. 不利因素

（1）技术、设备比较复杂，我国这方面的实践经验较少。

（2）天然气与原油的黏度差别大、气油流度比高，容易造成黏滞指进，产生气窜现象，影响开发效果。原油黏度越高，影响越大。

由于我国对油田注气保持地层压力开发方式研究得很少，更缺乏实践经验，所以关于注气开发方式和注水开发方式的建设投资、开发效果及经济效益问题，目前还不好进行比较确切的对比。

但是目前低渗透油田注水开发状况确实不够理想，采油速度和采收率都很低甚至有的油田由于许多注水井注不进水、生产井采不出油，而处于半瘫痪状态。

因而在天然气储量比较充足的地区，对油层渗透率低、原油黏度也低的油田应该积极开展注天然气保持压力的开发方式试验，同时应加强天然气驱油机理和特征的室内实验及理论研究工作。

三、弹性能量较大油田与异常高压油田开发

弹性能量较大的油田和异常高压油田，可以适当推迟注水时间，尽量增加无水采油量。在合适的井网部署下，低渗透油田注水也可见到较好的效果，压力产量稳定回升，特别在无水和低含水采油期比较主动，因而，天然能量较小的油田一般采用早期注水、保持压力的开发方式。

但低渗透油田油井见水后矛盾比较突出，即油井见水后产液指数大幅下降，最多下降 $50\%\sim60\%$，即使采取加大生产压差的措施，也难以弥补因产液指数下降所造成的液量损失，因而油井随着含水率的不断上升，产油量则急剧递减，所以低渗透油田低产低效的现象十分普遍和严重。

为了解决这个矛盾，改善低渗透油田开发效果，除做好合理配产配注等项工作外，对天然能量较大的油田，可适当推迟注水时间，延长无水产油期，

尽量增加无水和低含水期的原油采收率。

大庆龙虎泡油田的开发方式值得重视。龙虎泡油田开采层位为萨尔图和葡萄花油层，原始地层压力为14.71MPa，饱和压力为10.78MPa，不仅有一定的弹性能量，而且原油性质也比较好，原始气油比为$75m^3/m^3$，地层原油黏度为2.5mPa·s。该油田1985—1987年依靠天然能量开采，采出程度5.76%，地层压力降到10.2MPa，略低于饱和压力，1988年开始全面注水。到1994年底，该油田采出程度达23.6%，综合含水43.4%。龙虎泡油田生产形势比较稳定，开发效果比较好，因素是多方面的。初步分析，适当推迟注水时间，尽量增加无水和低含水时期采油量是其重要的原因之一。

我国弹性能量比较大的低渗透油田绝大部分都属于异常高压油藏，如大港油区的马西深层、中原油区的文东盐间层、胜利油区的牛庄和青海油区的尕斯库勒等。弹性能量较大的异常高压油田能否推迟注水时间、地层压力保持的程度，对这些问题现在都有不同的认识和做法，所以需要进一步分析和讨论。

根据油层的岩石和孔隙结构特征，异常高压油田大体可分为以下三种类型：

第一，欠压实型异常高压油田。这类油田储层未完全压实，投入开发后，随着地层流体的产出，压力的下降，由原来储层孔隙内流体承受的部分上覆地层重量的压力全部转到岩石骨架来承受，此时岩石骨架发生弹-塑性或塑性变形，导致储层孔隙度和渗透率的降低，而且这种变形一般是不可逆的。

第二，裂缝型异常高压油田。这类油田裂缝是主要的渗流通道，当地层压力下降到静水柱压力时，近井地带的裂缝闭合，储层渗透率急剧降低，这种变化一般也是不可逆的。

第三，压实型异常高压油田。这类油田的储层，在沉积和成岩过程中，已完全压实，胶结成岩，和正常油层一样。其异常高压是由构造作用等因素形成的。在开采过程中，随着流体压力下降，储层孔隙随岩石颗粒弹性膨胀有所减小，渗透率有所降低，但变化幅度较小，总的影响不大。

对异常高压油田，国外一般主张早期注水，保持较高的压力水平。同时欠压实型和裂缝型异常高压油田，地层压力大幅下降后，油层孔隙度将会减小，裂缝闭合，渗透率降低，从而影响油井产量递减。而且这种变化是不可逆的，也就是说，地层压力即使重新恢复，也不可能使裂缝重新完全张开，渗透率完全恢复，油井产量完全回升。因而主张及早进行注水或注气，把地层压力保持在较高的水平上,以便取得比较好的油田开发效果。

我国的超高压油田主要属于欠压实型异常高压油藏。在这些油田的开发设计中,都认为必须采取注水保持压力的开发方式。但注水时机可以适当推迟一些。因为地层压力本来就高,再加上油层渗透率特别低,如果早期注水,则需要的注水压力很高(有些油田需要到 40MPa 以上)。这样,不仅注水设备难以适应,而且油田实际开发效果不一定最好。多数油田主张把地层压力降到静水柱压力附近再开始注水,一方面,现有注水设备可以基本适应需要,注水井吸水能力可以满足要求;另一方面,利用油田自然弹性能量可以采出一定程度的地质储量(4%~5%),这样总的开发效果比较好。

如大港油田马西深层油藏,过去作过专门计算研究,认为地层压力降低到接近饱和压力时,开始注水效果较好(在马西油藏条件下,亦接近静水柱压力),因为在饱和压力条件下地层原油黏度最小,流动条件较好,原油采收率较高。在原始地层压力条件下注水,效果反而变差,采收率有所降低。当然,地层压力低于饱和压力太多,原油在地下油层中脱气,产生三相流动。效果也很不好。

马西深层实际 1978 年逐步投入开发,1982 年底开始全面注水。此时地层压力降至 38.8MPa,接近饱和压力,总压差为 19.1MPa,采出程度为 7.2%。2% 以上的采油速度保持 6 年,到 1994 年底,采出程度 28.2%,综合含水 46.9%,采油速度 1.1%,剩余可采储量开采速度 9%。效果比较理想。

再如青海尕斯库勒油田下第三系 E_3^1 油藏,原始地层压力为 60.3MPa,压力系数为 1.70,饱和压力为 12.1MPa。1980 年开始试采,1987 年全面投产,1989 年底才开始注水,注水前地层压力降至 39.3MPa,总压降为 21MPa,采出程度为 6.29%。此后地层压力保持为 36MPa 左右,略高于静水柱压力。到 1994 年底采出程度达到 10.47%,综合含水 12.8%,采油速度 1.49%。开发状况也比较理想。

另外两个油田——中原的文东盐间油田和胜利的牛庄油田,情况比较复杂,表现为采油速度和采出程度低,而含水特别高。其影响因素需进一步深入分析。

综上所述,对异常高压油田,必须采取注水(或注气)保持压力开发方式。关于注水时机,宜将地层压力降至静水柱压力附近后再开始注水比较切实可行。此外,也要考虑饱和压力的影响。初期利用弹性能量开采,然后再注水保持地层压力的开发方式取到了比较好的效果。

四、裂缝砂岩油藏注水开发的井网合理部署

井网优化,特别是井排方向部署是否合理,是裂缝性砂岩油田注水开发成败的关键环节。对裂缝性砂岩,在正式开发之前,一定要把裂缝特征,尤其是裂缝发育方向搞清楚,一定要把井网,关键是注水井排方向布置合理,切不可操之过急。

(一)我国裂缝性砂岩油田注水开发井网实施状况

我国对裂缝性砂岩油田注水开发井网的研究和实践大体上分为以下三个阶段:

1. 第一阶段,沿裂缝自然水线注水阶段

玉门石油沟油田,是我国注水开发最早的裂缝性砂岩油田,该油田将水淹的生产井转注,形成沿南北裂缝方向注水方式,见到了比较好的效果。如147 井注水 5 年,井组日产油量上升 69%,含水保持稳定。为了研究裂缝性砂岩油田注水的规律,当时曾作过物理模拟实验,证明沿裂缝方向注水效果最好。沿裂缝注水比垂直于裂缝注水最终采收率要高出 63%。

玉门老君庙油田 M 油藏沿裂缝注水规模更大。典型的如 D-15 注水井组,位于裂缝方向的生产井,最快 18h 遭到水淹,而裂缝两侧的井,10 年还未见水。根据注入水沿裂缝自然窜进的客观规律,油田将水淹的生产井转注,发展成为沿裂缝方向注水,向裂缝两侧驱油的开采方式。总共形成裂缝水线 44 条,效果比较理想。沿裂缝注水井组的效果要比其他井高 10 倍以上。

以上两个油田都属于不规则布井注水方式,到了吉林扶余油田发展成为规则的布井方式。吉林扶余油田是迄今为止我国发现的最大的裂缝性砂岩油田,开采层位主要为下白垩系泉头组第四段的扶余油层,埋藏深度为 320~500m,平均有效厚度为 10.3m,孔隙度为 22.26%,渗透率为 $180 \times 10^{-3} \mu m^2$,垂直和斜交裂缝十分发育,含油井段砂岩裂缝密度平均 0.33 条/m,上覆层青山口组底部泥岩中裂缝密度高达 2.2 条/m。

扶余油田 1970 年全面投入开发后,地层压力急剧下降,油井产量大幅度递减。为了改变这种被动局面,1973 年开始全面注水。开发井网主要采

用正方形布井、反九点法注采系统和两排注水井夹三排生产井的行列注水方式，井排为东西方向，基本平行于裂缝方向。

注水后很快发现大批位于注水井东西方向的生产井暴性水淹。如西 5-02 井投注 22h，仅仅注水 15m³，西面相距 150m 处的 45-3 油井即遭到水淹。而位于裂缝两侧的油井受效情况很差。全油田采出程度 13.3％时，综合含水高达 64.1％。此外注入水沿裂缝上窜到泥岩盖层之中，由于泥岩膨胀，致使大批油水井套管变形损坏，对油田生产造成严重威胁。

2. 第二阶段，井排方向与裂缝方向错开 22.5°

为了减缓沿裂缝方向油井过早见水和暴性水淹的矛盾，有几个油田将井排方向与裂缝方向错开 22.5°，如吉林新立油田、乾安油田及大庆的朝阳沟油田等都是这种做法。

将井排方向与裂缝方向错开 22.5°后，初期效果较好，注水井两边的油井见水时间延长，水淹时间推迟，开发指标较好。但到开发中期，又暴露出新的矛盾：注水井注入的水，沿裂缝方向（与注水井排错开 22.5°方向）窜进，与相隔两个井位的生产井形成新的水线。这样每口生产井都与注水井形成水线，生产井一旦见水，含水率即迅速上升，很难再进行调整改善，如图 5-4 所示。

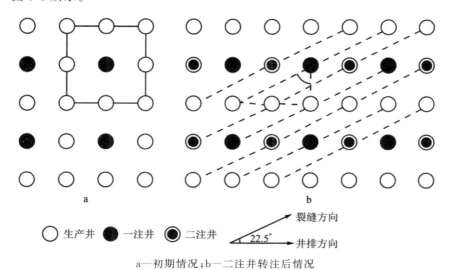

○ 生产井　● 一注井　◉ 二注井

a—初期情况；b—二注井转注后情况

图 5-4　井排方向与裂缝方向错开 22.5°布井示意图

如吉林新立油田，开采层位为扶余、杨大城子油层，裂缝比较发育，平均

0.23 条/m。由于井排与裂缝方向错开 22.5°，初期效果较好，开采速度达到 2.0% 以上，采出程度达到 9.18% 时，综合含水仅 27.7%，含水上升率小于 3%。但到中期后，新的矛盾愈来愈严重，主要是生产井见水加快，含水上升迅猛。1990 年底，全油田大于 60% 的高水井共 42 口，其中注水井排油井 26 口，生产井排油井 16 口。一年时间内，注水井排 26 口油井平均含水从 70% 上升到 78.8%，增加了 8.8%，而生产井排 16 口油井含水从 62.6% 猛升到 82%，增加了 20%，特别是 14-05 井，1990 年 2 月见水，3 月就基本水淹（含水 95%）。

吉林乾安油田情况也类似。乾安油田开采高台子油层，1986 年全面注水开发，到 1991 年，注水井排大部分油井水淹关井，有些井转入注水。1991 年下半年开始，生产井排含水上升速度明显加快，油田综合含水率 1991 年底为 26.4%，1992 年底为 37.4%，1993 年底为 46.6%，含水上升率高达 8.5%。特别是生产井排上的 14 口高含水井，1991 年底平均含水 27.5%，1992 年底猛升到 66.4%，一年上升了 1.4 倍，单井日产油量从 9.1t 降到 4.1t。油田稳产形势十分严峻。其主要原因也是注入水沿裂缝方向（与注水井排错开 22.5° 的方向）窜进，与相错两个井位的生产井形成了新的水线。

初步看来，将井排方向（主要是注水井排方向）与裂缝方向错开 22.5° 的方式不够恰当。尽管初期开采状况和开发指标较好，但由于不是垂直于裂缝方向驱油，注水井注入的水仍然沿着裂缝方向向生产井排窜进，与相隔两个井位的生产井形成水线，生产井见水后不仅含水率上升速度快，甚至遭到暴性水淹，而且因为每口生产井都有水线，油田开发中后期很难再进行调整和治理。1991 年以后新投入开发的裂缝性砂岩油田，基本上都不再采用这种布井方式。

3. 第三阶段，井排方向与裂缝方向错开 45°

在总结和吸取过去经验教训并深入进行数值模拟研究分析后，裂缝性砂岩油田注水开发井网布置工作有了新的发展，突出的如吉林新民油田和吐哈丘陵油田。

吉林石油管理局做过模型实验，注采井与裂缝方向平行时采收率为 37.2%，注采井垂直于裂缝时，采收率可达 44.9%，提高了 7.7%。

吉林新民油田采用的做法如下：

第一步，井排方向与裂缝方向错开 45°，采用正方形井网，数比为 1：3，如图 5-5(a)所示。

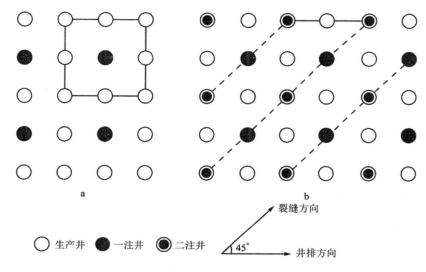

a—初期情况;b—二注井转注后情况

图 5-5　井排方向与裂缝方向错开 45°布井示意图

这种方式,沿裂缝方向井距大,可以延长该方向油井的见水时间,除裂缝方向外,注入水为垂直方向驱油,可以避免生产井暴性水淹。初期开发效果比较好,中后期有利于调整为沿裂缝方向线状注水方式。

第二步,待裂缝方向油井水淹后,调整为沿裂缝方向线状注水,即将裂缝方向水淹油井(原正方形井网、反九点法注水单元的角井)转注,如图 5-5(b)所示。

1991 年投入开发的新民油田,采用这种方式,见到了比较好的效果。

吐哈石油会战指挥部在编制丘陵油田开发方案中,对裂缝性砂岩油藏布井问题,应用数值模拟进行了深入的研究。

丘陵油田东块三间房组(J_2s)油层存在两组近正交的裂缝,一组为北东 $60°\sim80°$,另一组为北西 $330°\sim340°$。研究了 31×31 节点的平面模型,裂缝渗透率为节点平均渗透率的 10、30 和 50 倍;开采速度为 2%;注采方向与裂缝方向的夹角为 0°、30°和 45°。如图 5-6 所示。

模拟计算结果列于表 5-2 和表 5-3 中。

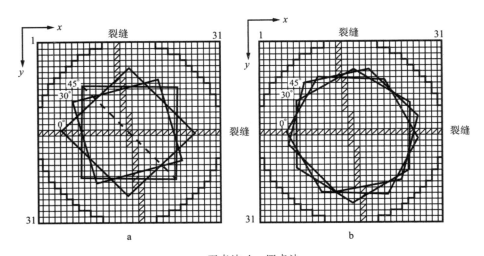

a—五点法；b—四点法

图 5-6　井组裂缝方向模拟网格图

表 5-2　五点法布井与裂缝交角指标对比表

渗透率比值	注采方向与裂缝夹角	含水率/%	采出程度/%	含水/采出程度
10	30°及60°	82.8	34.4	2.41
	45°	83.3	37.3	2.23
	0°及90°	89.0	31.0	2.87
30	30°及60°	84.6	33.5	2.53
	45°	98.5	38.9	2.87
	0°及90°	98.6	30.0	3.29
50	30°及60°	85.2	32.6	2.61
	45°	98.0	35.2	2.72
	0°及90°	91.5	29.5	3.10
均值		83.7	33.4	2.61

从表 5-2、表 5-3 和图 5-6 中可以看出以下信息：

（1）五点法布井，裂缝渗透率一定，当注采方向与裂缝方向夹角为 0°时，开发效果较差，含水率较高，采出程度低。随着夹角增大，开发效果改善，45°夹角效果最好。

表 5-3　三角形井网与裂缝方向交角指标对比表

渗透率比值	注采方向与裂缝交角	含水率/%	注入 1.2 倍 HCPY 时采出程度/%	含水率/采出程度
30	30°	96.0	23.77	4.04
	45°	95.3	23.79	3.56
	90°	98.7	22.83	4.32
50	30°	98.8	22.94	4.31
	45°	95.7	27.06	3.54
	90°	96.5	23.92	4.03

(2)五点法井网,夹角一定时,开发效果随着裂缝渗透率的增大而变差。

(3)三角形井网自身规律与五点法布井相类似。在同样条件下,三角形井网比五点法井网开发效果差。如渗透率比值为 50、注采方向与裂缝方向夹角为 45°、注入 1.2 倍烃类孔隙体积时,三角形井网采出程度为 27.6%,而五点法井网为 35.23%,比三角形井网高 30%。之所以如此是因为三角形井网总有一些注采井对无法避开裂缝方向。总的看来,三角形井网不可取。

根据以上数值模拟结果研究分析,针对丘陵油田三间房组油层具有两组近正交裂缝的实际情况,确定采用正方形、五点法布井方案,如图 5-7 所示,其注采方向与裂缝方向夹角为 40°。这样可以最大限度地减少生产井暴性水淹的危险。方案实施时,根据具体情况,可以先按反九点法实施,待处于裂缝发育方向的 4 口角井水淹后,再逐步转成五点法注水。

玉门石油管理局对裂缝性低渗透砂岩油藏——老君庙 M 油层重新进行了布井方式的研究。建立了一个 32×21×1 节点的裂缝模型,使注水井布井与裂缝分别为 0°、30°、45°、60° 和 90° 夹角。

数值模拟计算结果表明:在含水同为 95% 的条件下,0° 夹角布井方式的采收率为 49.5%,而夹角为 90° 的采收率只有 39.0%,前者比后者高了 10.5%。再一次说明注水井排沿裂缝发育方向布置效果最好。

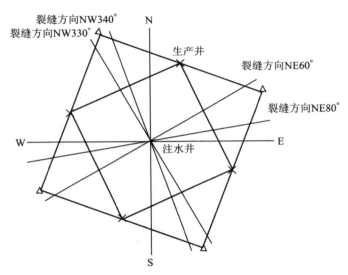

图 5-7　裂缝性油藏布井方案模型图

（二）裂缝性砂岩油田注水开发井网合理部署的基本原则

在总结实践经验和理论研究的基础上，根据裂缝性砂岩油田的油层结构特征和渗流机理规律，提出裂缝性砂岩油田注水开发井网部署的基本原则是"沿裂缝方向灵活井排距布井"，具体有以下三点：

第一，井排方向，特别是注水井排方向应平行于裂缝发育方向，注水驱油方向应垂直于裂缝方向。这样可以最大限度地避免注入水向生产井窜进和暴性水淹现象，提高水驱油效果。

第二，水井井距可适当加大，应大于注水井排与生产井排之间的排距，这样可以充分发挥裂缝性油层吸水能力高的优势，同时可以增大注采井排间的驱动压力梯度，改善开发效果。注水井先间隔投注，待拉成水线后，排液井（第二批注水井）再逐步转注。

第三，生产井井距初期可以和注水井距一样，相错布置，到中期根据情况可在生产井排补打加密调整井，以延长油田稳产年限，扩大注入水波及体积，提高原油最终采收率。

（三）裂缝性砂岩油田注水开发井网合理部署的实施步骤

根据裂缝性砂岩油田注水开发井网合理部署的基本原则，举例假设某油田储层裂缝方向为东西向，其井网布置具体实施步骤如图 5-8 所示。

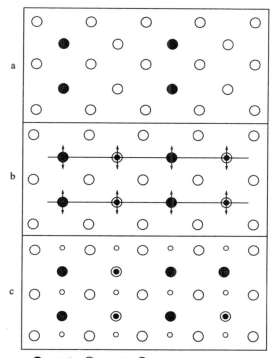

●一注井　◉二注井　○生产井　○加密生产井

a—初期情况；b—二注井转注后情况；c—中后期生产井加密情况

图 5-8　平行裂缝方向布井示意图

1. 平行裂缝方向布井，确定参数

（1）井距。井距主要根据裂缝渗透率来确定。一般裂缝渗透率增高，井距应该加大，相反则应缩小。开始阶段，生产井井距可以和注水井井距相同，中后期再考虑调整加密。

（2）排距。应该随着基质岩块渗透率和裂缝密度（指垂直于裂缝方向的单位长度裂缝数量）而确定。一般基质岩块渗透率越低，裂缝密度越小，排距应该越小，反之可以增大。

综合上述分析，对裂缝性砂（砾）岩油田（基质主要为低渗透层）的井网部署可以归纳为这些具体原则：平均裂缝主要方向布井，采用线状注水方式，井距可以加大，排距应该缩小。

井网部署研究中，不仅要考虑压裂工艺技术的作用和效果，还要考虑储量丰度和油层深度等因素,以效益为中心,详细进行技术和经济的评价论证。

2. 注水井分成两批投、转注

第一批注水井注水时,第二批注水井-排液井可适当放大压差生产,以利于形成水线,待排液井基本水淹后转注,构成线状注水方式。

3. 适当控制压差,保持稳产

采油井开始应适当控制压差生产,待排液井转注后,可逐步增大生产压差,以弥补排液井转注的产量损失,保持全油田稳产。当油井生产压差不能继续放大或生产井含水上升影响到全油田产量时,在经过研究,掌握剩余油分布规律的基础上,可于原生产井之间,补打加密调整井,以延长油田稳产时间,减少递减幅度,改善开发效果,提高原油最终采收率。当然,对调整方案还必须进行经济核算评价,要以经济效益为中心进行最后决策。

(四)开发井网与裂缝的匹配关系

注采井网部署与裂缝延展方向是否匹配,将在很大程度上影响开发的效果。注采井网部署与裂缝延展方向的匹配,就是注采主流线与裂缝延展方向的合理匹配。当井网部署与裂缝延展方向相匹配时,水驱控制程度增加,含水较小,产量上升;反之,则水驱控制程度减小,含水上升,产量下降。

低渗透油田的开发,通常采用压裂改造和面积注水,因此除了地层的天然裂缝较发育外,压裂改造产生的人工裂缝系统和超破裂压力注水形成的诱导裂缝系统将成为油田生产的决定因素。注入水在进入低渗透油藏以后,其运动主要受裂缝(天然裂缝或人工裂缝)的控制,水先沿裂缝单向突进,形成高压水线,然后向两侧扩散。因此,在裂缝方向上的生产井和与裂缝方向垂直的生产井井底压力相差很大,如水驱方向得当,将有效地提高开发效果;若水驱方向控制不当,将导致生产井和油藏过早水淹、水窜,严重影响最终采收率。

因此,低渗透油藏开发注采井网的部署,必须考虑注采井网的形式和地层裂缝方向。我国低渗透油田开发井网部署的形式大体上经历过以下三个阶段:

早期正方形井网,注水井排平行于裂缝(天然的或人工压裂的)方向,如扶余油田,这种方式生产井排见水时间推迟,但注水井排上的生产井仍然水淹严重。

20世纪80年代在早期阶段基础上将注水井排方向与裂缝方向错开22.5°,如新立、朝阳沟等油田,这种方式进一步延迟了生产井见水时间,开发状况有所改善,但由于注水井沿裂缝方向与错开两个井位的生产井仍可形成水线,所以水淹速度仍很快,且难以调整。

目前阶段则改进为将正方形井网的井排方向与裂缝方向错开45°,待生产井水淹后转为注水井,形成与裂缝方向平行的五点法或线状注采方式,如新民油田,这种方式开发效果较好,应该说已基本形成了适应低渗透油田开发的合理井网形式,但仍需予以改进和完善。

通过低渗透砂岩油藏概念模型数值模拟可知,注采井主流线与压裂裂缝延展方向的夹角越大,生产井见水时间越晚,采收率越高。因此,开发井网部署时注采井主流线应最大限度地避开压裂裂缝延展方向。利用数值模拟对反九点法井网与裂缝方向不同的夹角进行研究。

1. 注采井网与裂缝方向平行时的开发特点

当部署的井网方向与裂缝方向平行时,如图5-9所示。

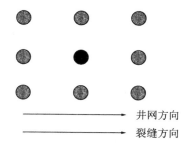

图 5-9 井网与裂缝方向平行时布井示意图

假设裂缝的方向是沿 i 方向,排状井网的方向与裂缝的方向平行,用数值模拟软件对整个区块的生产状况进行模拟,计算得到的结果曲线如图5-10和图5-11所示。

注水井的注入水会沿裂缝方向快速向前推进,从而使得在裂缝方向上的注水井过早地见水(生产3年,生产井的含水率达到65.40%),甚至是暴性水淹,模拟发现,在裂缝方向上的C87-3井,在第三年年底含水率达到95.95%,基本已经水淹,后期调整非常困难;而与裂缝垂直方向上的生产井则长期见不到注水效果,即使注水泵的压力提高到大于地层的破裂压力(此时也大大降低了泵的使用寿命)。在裂缝垂直方向上的C87-2井,在第三年年底时含水率则只有 4.75%,产量和井底非常低,该井的生产基本上处于瘫痪状态。

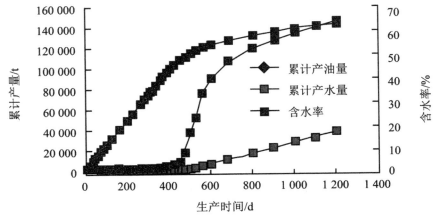

图 5-10　生产井与裂缝方向平行时的生产状况

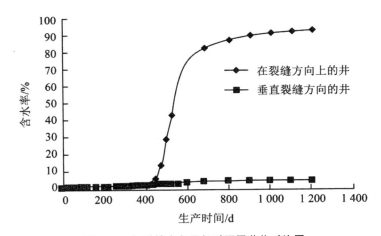

图 5-11　与裂缝方向平行时不同井位对比图

2. 注采井网与裂缝方向呈 45°时的开发特点

将注采井网方向与裂缝的方向适当偏离,形成某一角度,如呈 45°夹角时,如图 5-12 所示。

这样使注水井的注入水不至于快速突进生产井井底,而且将井网调整之后,使得排距缩短,排距缩短会使生产井更容易见到注水效果,从而生产井的产量增加,有利于该区块的正常生产。

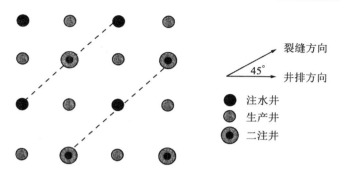

图 5-12 井网与裂缝方向错开 45°布井示意图

利用数值模拟对整个区块计算得到的结果曲线见图 5-13、图 5-14 和表 5-4。

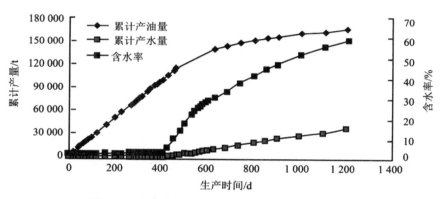

图 5-13 生产井与裂缝方向呈 45°夹角时的生产状况

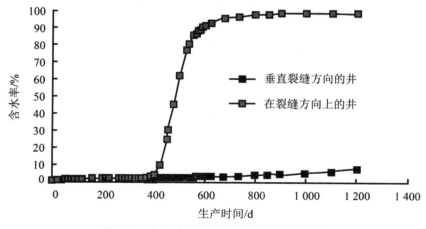

图 5-14 与裂缝方向平行时不同井位对比图

表 5-4　与裂缝夹角不同时的生产数据

项目 方位	累计产油量/t	累计产水量/m³	含水率/%
与裂缝呈 45°夹角	169 970.83	41 574.79	60.83
与裂缝方向平行	147 731.83	42 931.71	65.40

上面的数值模拟结果进一步证实:当注采井网的方向与裂缝的延伸方向错开一定角度后,开发效果明显优于注采井网与裂缝方向平行时的生产状况。主要是由于注采井网与裂缝方向错开以后,这样就会使注水井的注入水不至于沿着裂缝快速突入到生产井井底,从而,生产井的含水上升缓慢,从模拟生成的数据可以看出,与裂缝方向呈 45°夹角时的含水率为 60.83%,小于与裂缝方向平行时的含水率 65.40%。同时,产出的水比较少,为 41 574.79m³,小于与裂缝方向平行时的产水量 42 931.71m³,产水量的减少降低了后期地面的水处理费用。

同时,井网与裂缝方向错开以后,含水的下降也就使得该区块的累计产油量上升,为 169 970.83t,明显多于与裂缝方向平行时的产油量 147 731.83t,产油量的增加使得该区块的开发经济效益变好。因此,与裂缝方向错开一定角度的井网,如与裂缝方向呈 45°夹角,优于与裂缝方向平行时的生产井网,因此比较适合于纯 107 块油藏的开发。

五、薄互层低渗透油藏特殊结构井的开发

用水平井开发油气田越来越受到人们的关注。20 世纪 80 年代初期,世界上只有几口水平井。到 20 世纪 90 年代中期,约有 15000 口水平井,并且应用于多种类型油气田的开发。我国的水平井技术也达到了相当水平。

虽然水平井的钻井费用一般相当于钻直井费用的 2 倍,但是,水平井对油田开发的效益却是直井的 3～5 倍。所以,水平井技术的应用给油田开发,特别是对难开采储量的动用注入了很大活力。目前水平井多用于采油方面,并且效果是好的,例如,大庆油田茂平 1 井,开采扶余层,渗透率(5～12)×10⁻³μm²,水平井段 577m。分段射孔压裂,初期日产油 38.5m³,后虽下降到 20m 左右,但仍为周围直井产量的 5 倍。再如,长庆油田塞平 1 井开采长 6 油层,渗透率 4×10⁻³μm²,分 4 段射孔压裂,初期日产量 21.5m³,

后稳定在 $12\mathrm{m}^3$ 左右,为相邻直井的 $4\sim5$ 倍。

水平井可适用于多种类型油藏的开发。如利用水平井开发低渗透油田,则可以提高单井产量,减少钻井投资,从而有效地改善油田开发经济效益。

研究低渗透油藏开发,主要讲整体注水开发。但目前水平井主要是用在采油方面,还很少见到实际资料报道利用水平井注水,特别是整体注水开发油藏。因而关于水平井整体注水开发裂缝性和低渗透油藏问题需要进行深入研究和试验。

水平井的适用范围很广,根据各国经验主要适用范围为垂直裂缝性油藏、底水油藏、气顶油藏、低渗透油藏、稠油油藏和天然气藏。以下主要讨论利用水平井开发裂缝性和低渗透油藏问题。下面对比一下垂直井系统和水平井系统的一些渗流特征。

(一)水平井系统和垂直井系统的压力梯度

取五点井网的一个地层单元作稳态压力分布图。计算压力梯度的分布,进一步计算出某压力梯度值相应的面积,计算平均压力梯度并与水平井系统的压力梯度对比,进行分析研究。假定两口直井和水平井的布井如图 5-15、图 5-16 所示。注入井以 30MPa 压力注入,生产井以 10MPa 压力进行生产。

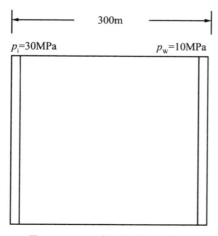

图 5-15　两口水平井布井示意图

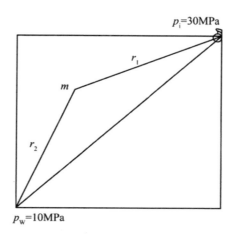

图 5-16　两口直井布井示意图

1. 直井系统的压力梯度

在五点井网中,两口直井形成的某一点的压力分布公式为:

$$p = \frac{p_i + p_w}{2} + \frac{p_i - p_w}{2\ln(\sqrt{2}a/r_w)}\ln(r_2/r_1) \tag{5-3}$$

等势线的方程为:

$$\left(x - \frac{ac_0}{c_0 - 1}\right)^2 + \left(y - \frac{ac}{c_0 - 1}\right)^2 = \frac{2c_0 a^2}{(c_0 - 1)^2} \tag{5-4}$$

$c_0 = 1$ 时, $x + y = 1$。

式中: $c_0 = \left(\dfrac{r_2}{r_1}\right)^2$;

r_1——m 点到注水井的距离;

r_2——m 点到生产井的距离。

根据式(5-3)和(5-4)计算的压力场分布如图 5-17 所示。

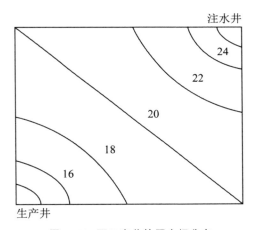

图 5-17 两口直井的压力场分布

以对角线上的压力分布为例,来研究压力梯度的变化。对角线上的压力分布公式为:

$$p = \frac{p_i + p_w}{2} + \frac{p_i - p_w}{2\ln(\sqrt{2}a/r_w)}\ln\frac{r}{\sqrt{2}a - r} \tag{5-5}$$

所以,其压力梯度公式为:

$$\frac{dp}{dr} = \frac{p_i - p_w}{2\ln(\sqrt{2}a/r_w)} \cdot \frac{\sqrt{2}a}{r(\sqrt{2}a - r)} \tag{5-6}$$

从上述公式可以看出:两口直井所形成的压力梯度场中压力梯度值是不断变化的。较大的压力梯度主要存在于注水井和生产井周围很小的范围内,而在两井之间的大面积内压力梯度却很小。以上述公式为基础,计算了直井系统和水平井系统中的压力梯度与相对应的油藏面积,计算结果如图 5-18 所示。

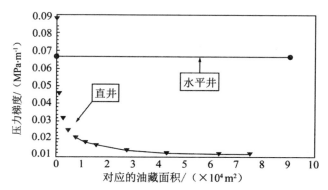

图 5-18　压力梯度与相应的油藏面积

用下式计算直井生产时的平均压力梯度:

$$\left(\frac{\Delta p}{L}\right)_v = \frac{\sum\limits_{n}^{i=1} F_i \Delta p}{F_t} \tag{5-7}$$

其平均压力梯度为 0.0148MPa/m。

2. 水平井系统的压力梯度

两口水平井之间形成的压力梯度公式为:

$$\frac{\mathrm{d}p}{\mathrm{d}r} = \frac{p_i - p_w}{a} \tag{5-8}$$

流量为:

$$q = \frac{Kh(p_i - p_w)}{\mu} \tag{5-9}$$

式中:p_i——注入井底压力;

$\quad p_w$——生产井底压力;

$\quad K$——渗透率;

$\quad a$——井间距离;

$\quad h$——油层厚度。

由公式(5-8)可知,两口水平井之间形成的压力梯度值为常数,它们的比值为:

$$\left(\frac{\Delta p}{L}\right)_H \bigg/ \left(\frac{\Delta p}{L}\right)_V = R = 4.48 \tag{5-10}$$

3. 对比结果分析

从图 5-18 和计算结果可以看出:

(1)对于直井布井系统,较大的压力梯度所占的油藏面积很小,当压力梯度为 0.087MPa/m 时,占用油藏的面积仅为 316.3m³;当压力梯度为 0.0244MPa/m 时,相应油藏面积为 5184.5m²。压力梯度小于 0.014MPa/m 的油藏面积约为 70000m²,约为井区面积的 78%,平均压力梯度为 0.0148MPa/m。

(2)对于水平井系统,水平井之间的压力梯度是一个定值,为 0.0667MPa/m。

(3)水平井系统压力梯度约为直井系统平均压力梯度的 4.48 倍。

水平井生产时的压力梯度为直井生产时压力梯度的 4.48 倍,增大压力梯度,特别是对于低渗透油田来说,是改善开发效果的重要途径,它可以使渗流过程尽快进入拟线性状态,提高油井的产量。

同时考虑到驱油效率与压力梯度的关系:

$$E = 1 - \frac{5.174A}{\sqrt{K}(\Delta p/L)^n} + \frac{8.613A^2}{K(\Delta p/L)^{2n}} \tag{5-11}$$

提高压力梯度可以增大驱油效率。因此,在同样注采压差下,水平井生产时的驱油效率将大于直井生产时的驱油效率。

同时考虑到排油坑道和注水坑道式的生产,波及系数可接近于 1。

因此,采用水平井注水开发油田时,波及系数和驱油效率均可提高,所以可以大幅地提高采收率。

另外,水平井生产时的压力梯度为直井生产时的 4.48 倍,这就表明,可以用较稀的水平井井网开发低渗透油田,减少井数,降低成本。

(二)水平井和垂直井的产量

低渗透油藏中,原油的渗流规律不再严格符合经典的达西定律和相应的运动方程,在理论计算方法中需考虑启动压力梯度。利用上述理论来研究低渗透油藏垂直井和水平井的产量问题,可得到一些有益的结论。

1. 直井产量计算

以平面径向流为基础推导低渗透油藏中具有启动压力梯度的直井流入方程为：

$$q = \frac{2\pi K h \left[(p_i - p_w) - G_0 (r_e - r_w) \right]}{\mu \ln \dfrac{r_e}{r_w}} \tag{5-12}$$

式中：p_i——初始压力；

p_w——井底压力；

r_e——油藏外边界；

r_w——井筒半径；

G_0——启动压力梯度；

μ——黏度；

K——渗透率；

h——油层厚度。

它与常规的直井流入方程相比，多了启动压力梯度项，启动压力梯度影响产量的变化，启动压力梯度的存在增加了渗流阻力，导致产量降低。

2. 水平井产量计算

以矩形和半圆形边界为基础推导出水平井的流入方程为：

$$q = \frac{2\pi K h \left[(p_i - p_w) - G_0 (r_e - r_w) \right]}{\mu \left(\ln \dfrac{r_e}{r_w} + c_1 \right)} + \frac{2Kah}{\mu} \left(\frac{p_i - p_w}{r_e - r_w} - G_0 \right)$$

$$\tag{5-13}$$

式中：c_1——球面流时井不完善系数；

a——水平井长度。

其余符号意义同前。

在供油半径相同时，水平井的产量明显大于直井的产量。

其原因之一是，随着水平井钻遇油层长度的增加，井筒与油层接触面积越来越大，而产量与接触面积成正比。所以，钻遇油层的长度越大，产量亦越高。因此利用水平井可以大大增加井筒与油层的接触面积；在同一压差条件下，水平井与直井的产量相比，水平井的产量就大得多，一般是直井的4～7 倍。

其原因之二是,水平井系统的压力场分布有很大的优越性,当布井方式合适时,压力呈线性分布,压力梯度明显大于直井系统的压力梯度。在相同的生产压差条件下,其压力梯度却是直井系统平均压力梯度的几倍,在上述计算的例子中为 4.48 倍。用水平井注水开发油田可以充分利用油层压力的能量和人工注水所施加的能量,减少渗流过程中压力能量的损耗,这些因素导致水平井的产量大幅增加。

与此同时,直井和水平井的产量都随供油半径的增加而减低,且水平井的产量受影响较大。因此,应选择适当的井距,用水平井注水开发低渗透油田是改善其开发效果的重要途径。

(三)水平井整体注水开发油藏的重点问题

根据油藏地质、油水渗透和水平井开发的特点规律,在应用水平井注水开发裂缝性和低渗透油藏时要着重研究和处理好以下问题:

1. 油藏地质条件的筛选

适合水平井注水开发的油藏主要有下述条件:

(1)构造、断层和油水分布关系比较清楚简单。

(2)主力油层单一,厚度大于 6～8m。厚度 h 与 β($\beta = \sqrt{K_h/K_v}$)的乘积 $h \times \beta < 100$m。

(3)砂体分布比较稳定,面积较大,连通性较好。一般砂体宽度应在 300～400m,长度应在 800～1000m。

(4)地应力和天然裂缝发育状况清楚,分布关系比较简单。

2. 注采井网方式及布置

一个油藏如果各向异性(包括地应力和渗透性)比较明显,裂缝发育比较强烈,又需要进行注水开发,那注采井网布置方式与地应力及裂缝方向的配置,就是决定油藏开发效果好坏的关键。注水开发裂缝性低渗透油藏要取得好的开发效果,必须是油井单井产量高、见水和水淹时间晚。

至于利用水平井开发这类油藏,如何科学合理地布井,则是个新的课题,需要深入研究和试验。

根据多种方案的分析对比,主要应该研究以下两种布井方式:

(1)生产井为水平井,水平井方向平行于最大主地应力和天然裂缝方向。注水井可以为水平井或直井,沿主应力方向分布,如图 5-19 所示。

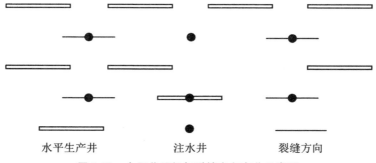

水平生产井　　　　　注水井　　　　　裂缝方向

图 5-19　水平井平行与裂缝方向布井示意图

这种布井方式的优点是：生产井距注水井距离（排距）比较好掌握，注水井垂直于裂缝方向向生产井驱油，推进比较均匀、规律，效果比较好。不利因素是：水平井平行于最大主地应力方向，压裂效果可能会受到影响，对油井产量没有把握。

（2）生产井也为水平井，但水平井方向垂直于最大主地应力和天然裂缝方向。注水井以直井为主，沿主应力方向分布，如图 5-20 所示。

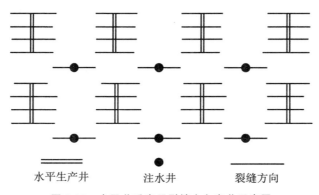

水平生产井　　　　　注水井　　　　　裂缝方向

图 5-20　水平井垂直于裂缝方向布井示意图

这种方式的优点是生产井可进行多段压裂，产生多条裂缝，初期产量比较有把握；不利因素是生产井的水平井段距注水井的距离难以掌握好，注入水可能会沿距离最近的裂缝突入到生产井中，对稳产造成威胁。当然生产井见水后，可以对井底最先见水和水淹的裂缝段采取封堵措施。但对水平井多次封堵水层工艺技术和效果尚缺乏实践和把握。

布井方式是应用水平井注水开发裂缝性和低渗透油藏方案中最关键的问题，从理论到实践都还缺乏认识和经验，对上述两种布井方式需进一步作深入的数值模拟研究和分析,特别对每种方案存在的难点和问题还需做必要的现场试验。主要的现场试验有两个,一是沿最大主应力方向和天然裂缝(原始在地下处于闭合状态)方向所钻水平井的压裂增产试验。试验其能否进行多段压裂,能否达到直井3～5倍的生产能力。

二是垂直于最大主应力和天然裂缝方向所钻的水平井的见水和水淹特征及多次封堵水层工艺技术试验。试验距注水井不同井段的生产特征、见水时间和水淹规律;试验水平井多次封堵井底水层工艺技术的可行性和效果。

关于水平井水平井段的长度、井距和排距等问题仍需要进行深入细致的研究。

第二节　薄互层低渗透油藏弹性开发方式

薄互层是指储层的物性差,层很多,但是单层非常薄,通常小于5m,给层系的划分和后期的开采造成很大的困难,并且低渗透油田的开发通常都进行大规模的压裂,薄互层的存在会使一些非常薄的小层直接被压串,使得一些小层失去开发的意义,从而降低了开发效益。"油藏在弹性开发过程中,由于只依靠天然能进行开采,对地层没有能量补充;地层的孔隙度、渗透率等性质很容易受到压力敏感的影响。"[①]

特低渗透油田的储层主要为砂岩储集体,受成岩作用影响,孔喉细小,黏土矿物含量高,束缚水饱和度高,储层非均质性严重,多发育裂缝,具有双重孔隙介质的特点。开发过程中压降快,注水压力传导慢,油井受效困难,加之储层非均质严重,储层中存在的天然裂缝更加剧了储层的非均质性,开发效果差,具体表现为"注不进、采不出、见水即水淹"的特点。胜利油区目前采油速度仅为0.5%,采出程度只有11.9%,平均综合含水64.4%,单井平均日产油为4.4t/d。从最终采收率看,各类油藏平均采收率为28.7%,而低渗透油藏仅为18.7%,明显偏低。

之所以出现这样的情况,一方面是因为该类油藏先天条件差,储层非常复杂,既存在基质孔隙,又存在天然裂缝,为双重介质油藏,难以认识清楚;

---

① 牛丽娟.压力敏感性对低渗透油藏弹性产能影响[J].科学技术与工程,2014,14(3):137—140.

另一方面是由于其复杂的孔隙结构所决定的复杂的渗流规律。为了改善低渗油田的开发效果，必须对低渗透油藏进行深入全面的认识。在建立符合地下实际情况的三维地质模型的基础上，最关键的是对低渗透油层渗流机理和规律的正确描述，从而形成适合低渗透油田开发特点的开发技术策略。

目前，国内外对低渗透油田开发的井网形式基本相同。在国外，以美国为例，在斯普拉柏雷油田的开发过程中，主要采用排状的井网形式，在主裂缝的方向上布生产井，然后在与主裂缝的方向呈 45°夹角的方向上部署生产井。我国对低渗透油田开发的井网形式主要经历了四个阶段：第一阶段，沿裂缝自然水线注水；第二阶段，将井排方向与裂缝方向错开 22.5°；第三阶段，井排方向与裂缝方向呈 45°角；第四阶段，进一步缩小排距的调整和实验阶段。

针对胜利油田纯 107 块油藏的基本概况，主要是运用经验公式的方法，求出适合于纯 107 块油藏开发的经济合理井网密度和经济极限井网密度。

利用数值模拟的方法，对四种低渗透油藏开发经常使用的井网形式进行模拟，找到最适合纯 107 块油藏开发的井网形式。同时对适合于该区块开发的合理井距进行研究，找出最适宜的井距大小及井网与裂缝的匹配关系。

一、薄互层低渗透纯 107 块油藏的基本概况

纯 107 块位于纯化油田通 81 块西北部，1981 年完钻第一口探井纯 87 井，在纯化三维地震重新落实了该块构造的基础上，1997 年 12 月完钻了第二口探井纯 107 井，并见到一定的工业油流，到目前为止该区共完钻探井 2 口、开发准备井 3 口，试油井 2 口，试采井 3 口，取心井 1 口（C107），进尺 53.97m，收获率 97.7％。含油层系沙四纯化镇组，油藏埋深 2850m。该区块总的构造形态为一被断层复杂化的单斜构造，地层东高西低，地层倾角 6°～10°。

沙四上储层岩性复杂，根据 C107 井岩石薄片资料分析岩石成分主要以长石细粉砂岩为主，砂岩中碎屑矿物成分为石英、长石和岩屑，含量分别为 56.4％、35％、8.6％，石英与长石＋岩屑含量的比值接近 1，按砂岩成分成熟度划分标准沙四上砂岩属中成熟度砂岩。

纯 107 块油藏属于薄互层特低渗透油藏，其薄互层的主要地质特征

如下：

第一，油层数多，单层厚度薄。纵向上含油井段长，油层多，单层厚度小，沙四上在 100m 含油井段内小层多达 25 个，视分层系数最多达 25 层/井，最小为 8 层/井，一般为 13～16 层/井，平均为 14 层/井，平均单层厚度仅 1.1m。

第二，岩性复杂，储层特低渗。薄互层特低渗透油层岩性复杂，主要为灰色泥岩与薄层灰质、泥质和白云质粉砂岩不等厚互层。平均孔隙度为 13.45%，平均渗透率为 $1.7 \times 10^{-3} \mu m^2$，为低孔特低渗储层。

第三，油藏埋藏深，高压异常为主。薄互层特低渗油层埋深一般在 2500～3100m，平均为 2800m，为中深层油藏。油藏普遍高压异常，平均原始地层压力为 40.34MPa，平均压力系数为 1.43，平均地层温度为 126℃，属常温高压油藏。

起初，该区块有 C107、C87-1、C97-5、C97-6、C97-7、C97-8 井在进行生产，后来由于产量过低、出砂及抽油杆断等生产事故而陆续停产，目前该区块的生产基本上处于停滞状态。

刚投产时，对纯 107 井 C3-5 组进行压裂试油，日产油 12.6t，不含水；C1 组测试获日产油 16t，不含水；综合邻块试油资料表明，C1～5 组均具有一定的产能，但自然产能低，平均单井自然产能 3.3t/d。

二、薄互层低渗透油藏的科学井网密度优化

科学合理的井网密度应既能使储量损失程度较小，采收率较高，同时采油速度较高，又能取得较好的经济效益。对于低渗透油田而言，井网密度是关系油田开发成功与否的关键问题。

低渗透油田由于受导压能力弱和非达西渗流特性的影响，其井网密度对产量的影响较高渗透油田大。按照原来的井网进行开采，低渗透油田普遍存在注水难、采油难和管理难三个严重矛盾。因此，低渗透油田经济合理的井网密度的确定对油田的高效具有重大意义。合理的井网密度对提高低渗透油田的开发效果是至关重要的。对于合理井网密度的研究，国外主要考虑的是经济因素，采取较大井距开发，合理井距研究欠缺；国内的研究，技术上也是基于达西渗流规律的计算，计算井距偏大，不适应低渗透油藏的开发。下面介绍两种方法：

(一)经济合理井网密度

根据经济合理井网密度的计算公式,应用交绘图版法对纯 107 块油藏的经济合理井网密度进行了测算,计算公式如下:

$$\begin{cases} f_1(S) = a/S \\ f_2(S) = \ln(NLba/A/M) + 2\ln(L/S) \end{cases} \tag{5-14}$$

式中:$a = 1.125 \times (K/\mu)^{-0.128}$;

$b = 0.742 + 0.19\lg(K/\mu)$;

A ——含油面积,km^2;

S ——井网密度,$km^2/$井;

N ——地质储量,$\times 10^4 t$;

L ——每吨原油售价,元;

M ——单井总投资,万元;

K ——有效渗透率,μm^2;

μ ——地下原油黏度,$mPa \cdot s$。

其计算如图 5-21 所示。

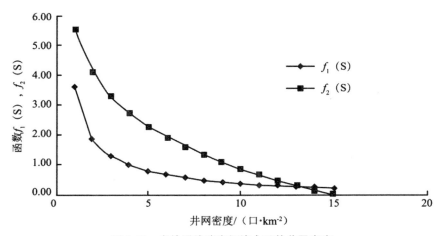

图 5-21 交绘图法确定经济合理的井网密度

由上图计算所得该区块的经济合理井网密度为 13 口/km^2,若按正方形面积井网计算井距大约为 277m。低渗透油藏的开发实践表明,开发过程中使用的井距大都在 300m,因此,277m 的井距应该能够适应该区块的开发。

(二)经济极限井网密度

基于经济学角度考虑的经济极限井网密度公式,在综合考虑了各种费用及原油的销售情况下,应用交绘图法对纯 107 块油藏的经济极限井网密度进行了测算,计算公式如下:

$$\begin{cases} f_1 = aS \\ f_2 = \ln \dfrac{N \cdot v_0 \cdot T \cdot \eta_0 \cdot C \cdot (L - P)}{A \cdot \left[(I_D + I_B) \cdot \left(1 + \dfrac{T+1}{2} r \right) \right]} + 2\ln S \end{cases} \tag{5-15}$$

式中:a——井网指数,km^2/井;

S——经济极限井网密度,km^2/井;

N——地质储量 $1 \times 10^4 t$;

L——每吨原油售价,元;

v_0——评价期间可采储量年采油速度,小数;

T——投资回收期,年;

η_0——驱油效率,小数;

C——原油商品率,小数;

P——每吨原油成本价,元;

A——含油面积,km^2;

I_D——单井钻井(包括射孔压裂等)投资,万元;

I_B——单井地面建设(包括系统工程和矿建等)投资,万元;

r——贷款年利率,小数。

其计算图如图 5-22 所示。

由图 5-22 可以看出,两条曲线的交点为 17 口/km^2,从而得到该区块的经济极限井网密度大小。若按正方形面积井网计算,则井距大约为 242m。图 5-22 是在综合考虑了低渗透油田钻井成本、投资分类的基础上制作的低渗透油田开发的经济极限图版,从而为新井的优化部署提供了依据。

在油田的实际开发中,大多数低渗透油田的井距都在 300～400m,因此,277m 的井距比较适合于纯 107 块油藏,因为该区块的平均渗透率只有 $5.8 \times 10^{-3} \mu m^2$,属于特低渗透油藏。同时,277m 的井距大于 242m(经济极限井距),表明该区块的开发在经济上是可行的。

若井距过小,则会使注水井的注入水很快沿裂缝进入到生产井中,从而使生产井过早见水,降低整个区块的产能,同时井距过小使得钻井数量增多,使该区块开发的经济效益变差。

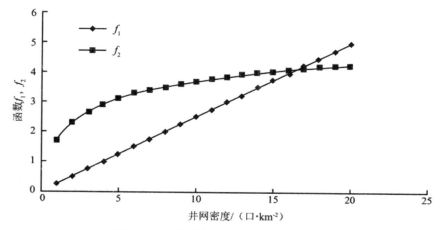

图 5-22　交绘图法确定经济极限井网密度

若井距过大,则由于低渗油田的基质渗透率非常小,注水井的注入水根本注不进去,在注水井井底憋成高压,不利于生产设备的正常运行。而生产井的井底由于得不到压力补充,井底压力非常低。

第三节　薄互层低渗透油藏人工补充能量开发方式

一、人工补充能量开发井网的优化

在低渗透油田投入开发初期,大部分采用五点法注采井网进行开发,但这种井网的局限性很大:注水井的注入水很快在注水井排上形成水线,从而使得在注水井排上形成高压区,但是,在生产井排上却长期见不到注水效果,即生产井井底形成了一个低压区,生产井的产量很低,基本上处于瘫痪状态,因此整个油田的发展处于非常不利的局面。进入 20 世纪 90 年代以后,则将井网进行了调整,采用与裂缝方向呈 45° 夹角的反九点法注采井网,该井网把注水井与生产井之间的距离加大,同时,缩短了注水井排和生产井排之间的距离,从而延缓了生产井的见水时间,并且注水井排和生产井排之间距离的缩短使得生产井较快见到了注水效果,从而最终达到提高采收率的目的。

随着人们对低渗透油田认识的加深,现在油田的开发则采用变形井网,即在原来规则井网的基础上进行变形,这种变形的重要原则就是进一步加大井距,延缓生产井的见水时间,同时缩小排距,使生产井较快地见到注水效果。

低渗透油田储层非均质严重,天然裂缝及人工压裂裂缝的存在加剧了储层的非均质性,因此开发井网是否适应这种地质条件,将对开发效果产生重大影响。研究开发井网的合理部署,就是要研究开发井网与储层非均质性的匹配关系,从而减缓含水上升,提高波及体积,以提高生产井的产量。

利用数值模拟技术,以纯 107 块油藏的实际资料为基础,对适合于该区块的井网形式进行了模拟研究。

(一)数值模型的建立

以纯 107 块油藏的地质资料为基础,利用油藏数值模拟软件,建立双孔双渗地质模型进行模拟。按平行于油水界面的方式,从油藏顶部向下至油水界面将油藏划分为 6 个小层,具体模型数据如下:

网格数:$23\times23\times6$(横向×纵向×垂向)。

网格大小:由于模型采用理想化模型,采用均匀网格划分原则,所以每个网格的大小取为常数,本模型中采用了 30.00m。

垂向上:采用 6 个小层来模拟油层,厚度不等,分别为 15,10,15,4,3,6。

基质孔隙度在平面上各层均不同,有一定的差异,其大小为:0.137,0.1259,0.1114,0.1001,0.1115,0.1224。

裂缝系统的孔隙度各层均相同,为 0.04。

基质水平渗透率各层都取 $14.8\times10^{-3}\mu m^2$,垂向渗透率分别为:$12.01\times10^{-3}\mu m^2$,$10.01\times10^{-3}\mu m^2$,$6.23\times10^{-3}\mu m^2$,$2.97\times10^{-3}\mu m^2$,$3.54\times10^{-3}\mu m^2$,$7.59\times10^{-3}\mu m^2$。

裂缝系统的水平方向渗透率取常数,为 $100\times10^{-3}\mu m^2$,纵向上也取常数,为 $100\times10^{-3}\mu m^2$。裂缝密度为 50 条/米。

(二)不同井网形式对比

多数特低渗透油藏天然裂缝比较发育,渗透率各向异性明显,加上储集层基质渗透率低,注水开发所需驱动压力梯度比较大,因此多采用面积井网的注水方式进行开发。

通过对正方形反九点、五点法井网,横向线形注采井网及纵向线形注采井网开发效果对比发现:反九点法井网的累计产油量明显大于其他几种井网形式,10年的累计产油量大约为299035.94t,在模拟的几种井网形式中是最高的,同时含水率(42.44%)比较低。造成这种情况的主要原因是正方形反九点井网的生产井井数较多,同时加大了注采井之间的距离,而且缩小了采油井之间的排距,从而减缓了生产井的见水时间,增强了注水井的开发效果,因此在油田开发的初期取得较好的开发效果。同时,反九点法面积井网在后期的调整余地较大,适合于油田开发初期采用。

因此,从避免注入水沿裂缝窜入油井及提高油田采收率的角度考虑,研究认为最佳井网形式应是反九点法井网。注入水首先顺着裂缝沿注水井排形成高压水线,然后再向油井排推进。这样就可以避免水窜,防止油井过早见水,从而提高波及系数,改善油田水驱的开发效果,最终提高油田的采收率。

综合比较发现,反九点法井网比较适合该区块的开发。

二、注采井距对油藏开发效果的影响

(一)注采井距对累计产油量的影响

合理的注采井距首先要适应油层的分布,井网要控制一定的水驱储量,低渗透砂岩油藏储层非均质性强,提高水驱程度,必须采用较大的井网密度。

当驱动压力很小时,只有大孔道中部的原油在移动。其速度以中轴部位最大,依次向边部逐渐减小。小孔道中的原油和大孔道边部的油是不流动的。随着驱替压力梯度的提高,大孔道中流动油的体积增加,流速也加大了,只有靠边部的部分油不流动,有一部分较小孔道中的原油开始流动。压力梯度进一步提高,大孔道中大部分油在流动,只有靠边部的少量油膜不流动。有更多的较小孔道中的原油开始流动。

因此,不同渗流速度下的流动油所占的孔隙度和流动油饱和度是不同的。渗流速度(或压力梯度)越小,流动孔隙度和流动油饱和度亦越小,只有当渗流速度或压力梯度达到一定程度时,才能得到最大的流动孔隙度和流动饱和度。原油动用程度随驱替压力梯度的增大而增加。因此只有建立较大的驱替压力梯度,才能增加原油动用程度。故在驱替压差一定的情况下,减小注采井距可增大驱替压力梯度,增加原油动用程度,如图 5-23 所示。

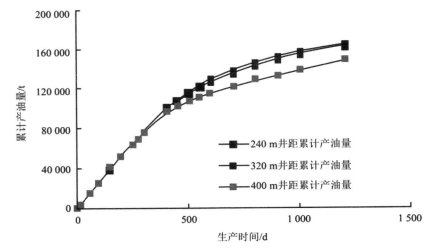

图 5-23　不同井距下的累计产油量对比

从图 5-23 的模拟结果中可以发现:在 240m 井距和 320m 井距情况下,其累计产油量基本相同,但是 400m 井距时,累计产油量却明显减少,主要是因为井距的加大拉长了注采井之间的距离,生产井很难见到注水井的注水效果,加上低渗油藏本身的渗透率非常小,原油根本无法到达生产井井底,生产井的产油量自然就减少了。因此,从累计产油量角度考虑(也就是油田开发的经济效益),400m 井距过大,不适合该区块的开发。

(二)注采井距对含水的影响

合理的注采井距首先要适应油层的分布状况,使得井网控制一定的水驱储量。低渗透砂岩油藏储层非均质性强,要降低其产水量,必须采用较大的井距。因此要提高低渗透砂岩油藏采收率,降低该区块的含水,必须采用适当大的注采井距,如图 5-24、图 5-25 所示。

在累计产水量的图中可以看出,240m 井距情况下的累计产水量明显大于 320m 井距情况下的累计产水量。原因在于,在 240m 井距情况下,注采井之间的距离较近,注水井的注入水很快沿裂缝进入了生产井,所以生产井的累计产水量较大,最终含水率较高。若适当把井距加大(例如把井距调整为 320m),这样注水井的注入水就不至于很快突进到生产井井底,最终

的累计产水量为 $4150.82\mathrm{m}^3 < 7054.76\mathrm{m}^3$。

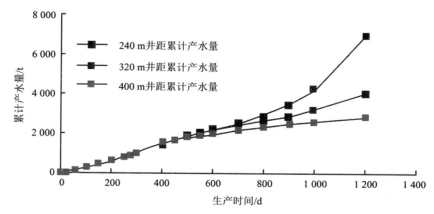

图 5-24　不同井距下的产水率对比图

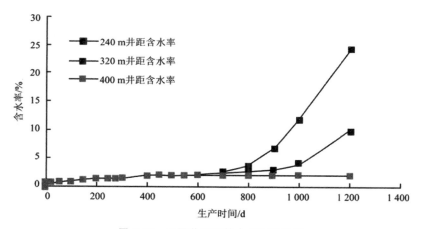

图 5-25　不同井距下的含水率对比图

　　如果把井距进一步加大(例如调整为 400m),则虽然产水量减少了,但同时累计产油量也明显减少,即 149631.41t < 165171.86t,主要原因在于井距的进一步加大使注采井之间的距离加大,注水井的注水压力提高,而生产井难以见到注水效果,井底压力很低,这样无论是累计产油量还是累计产水量都比其他几种井距形式低。

　　综合比较发现,320m 井距比较适合纯 107 块油藏的开发。

第六章　薄互层低渗透油藏的优化开发技术

第一节　水平井压裂优化开发技术

一、水平井适应性筛选

当今水平井钻井技术发展很快,从利用一口水平井钻开一个油层到多个油层,从一个方向的水平井到反向双水平井及分支水平井,就钻井技术而言基本都可以实现。但结合实际地质情况将该技术应用到油田开发,还有许多技术问题需要解决。所以为了利用水平井经济有效地开发,就应根据现有工艺技术水平及经验,对油藏进行评价和筛选。

(一)水平井筛选的依据

1.油藏类型与地质参数

确定适用于水平井开采的候选油藏类型,即哪些油藏适合用水平井开采、哪些油藏不适合用水平井开采,主要研究油藏地质参数对水平井开采的适用性、油藏能量大小对开采效果的影响。

2.水平井钻采技术水平

水平井钻采技术的水平主要涉及油藏的最大深度、最小深度和油层的最小厚度、水平井的类型等,这个问题所确定的标准随着技术的提高是可以改变的。随着水平井钻采技术的发展,水平井应用到更浅、更深、更薄的油藏,并根据地质油藏的特点选用更复杂的水平井形式。

3.技术经济的综合评价

从技术经济的角度对水平井的开采进行评价,主要是看使用水平井开发的经济效益是否高于直井,应该立足于一个油藏来全面考察应用水平井开发在同期内累积产量的经济效益是否高于直井累积产量的经济效益。

从上述三个问题出发,由此产生的对水平井的筛选原则就是全面评价油藏的适应性、工艺技术的可行性及经济效益性。

(二)水平井筛选的程序

水平井筛选的技术要求主要是指从技术的角度对水平井的适应性进行筛选,它包括从技术和经济两个层面对水平井进行粗筛选及精筛选。

1.水平井适应性粗筛选的程序

仅从水平井钻井工艺技术而言,各种类型的油气藏都可以钻水平井。但考虑到经济效益和现有开采技术的难度,对水平井的适应性还是有所限制。从国内外水平井的应用情况看,影响水平井产量的核心问题在于选择合适的油藏类型,适宜钻水平井的油藏具有明显的趋向性,而且随着水平井技术的发展,其应用的油藏范围逐渐扩大。

(1)水平井适应的油藏类型。水平井适应的油藏类型主要包括以下几种:

一是底水油(气)藏。由于水平井的特点,水平井可以有效地抑制底水的锥进。与直井相比,水平井有较高的临界产量、较长的见水时间和较高的采收率。尤其在原油黏度较小,而渗透率较高时,水平井在低于临界产量下生产,则可有效地控制水的运动。

二是气顶油藏。水平井可有效地抑制气顶油藏的气脊,因此,与垂直井相比,水平井有较高的临界产量、见气时间和采收率。

三是底水气顶油藏。此类油藏兼有气顶和底水油藏的特点,因此,只要水平井在油藏中的位置合适,就可以同时有效地抑制水脊和气脊。

四是天然裂缝油藏。水平井的一个很重要的应用就是在天然裂缝性油藏中的使用。水平井可横穿多条裂缝得到较高的产量,甚至在裂缝发育的页岩地层中,水平井也得到了成功的应用。

五是低渗透和高渗透气藏。

六是砂体延伸长,连通性好的砂岩油藏。

七是断层或地层遮挡的高角度多层油气藏。对于这类油藏,可以利用水平井横穿多个油层,增大泄油范围,控制更多的储量,提高开采效益。

目前国内薄层水平井应用的油藏如下:疏松薄层砂砾岩稠油油藏;边底

水的砂砾岩薄层特稠油油藏;深层超薄油层海相砂岩油藏;特低丰度薄油层;高含水期底水油藏;高含水老区低渗透薄油层;薄互层低渗油藏。

(2)水平井适应的油藏参数及范围。水平井适合性筛选的油藏参数主要包括油藏深度、油层厚度、各向异性程度及泄油面积等:①油(气)藏深度为 500~5000m;②油(气)层的厚度大于 0.5m;③油层厚度 h 与 β 系数乘积小于 100m;④泄油面积。如果泄油面积太小,则水平井的水平段长度就不会太长,那么油藏就不能给水平井提供充足的能量。另外,只有目的层达到一定的分布面积,才能够部署完善的注采系统。对于天然能量低而需要注水采油的河道砂岩储层,应具备足够大的连通范围,以便能够在被开采的含油砂体上部署必要数量的注水井,通过注水恢复和保持地层压力,以利于获得较高的产量和可采储量。所以水平井不适合含油面积小的"土豆层"砂体。

以上是水平井适应性的一般性参数标准。对于低渗透油田水平井开发需加入的三个地质参数筛选标准,具体见表 6-1。

表 6-1　低渗透油田水平井开发需加入的地质参数筛选标准

地质参数筛选标准	依据
储层的渗透率应大于 1mD	根据对渗透率分别为 0.1mD、1.0mD 储层中水平井与压裂直井增产效果进行的对比试验表明,在储层渗透率小于 1mD 时,水平井的增油效果与压裂井相当。随着储层渗透率增大,水平井产量比压裂直井变化明显。
油层的流度(K/μ)应大于 0.5mD/(MPa·s)	制约储层中流体流动能力的不仅是储层的渗透率,还包括流体的黏度,所以用流度(K/μ)大小表示储层的渗流能力更为合适。
储层中具有比较发育的天然裂缝	由于在河道砂体中各种非渗透性夹层比较多,严重降低了垂向的渗透性,而垂向天然裂缝的存在却可以提高垂向渗流能力。

综上所述,可以根据上述标准初步判断油藏是否适合水平井开发,这只是水平井适应性在油田或区域规模上的粗筛选,即从油田油藏类型、油藏参数及范围(油气藏深度、油气层厚度、β_h、千米井深油气当量、地层系数 K_h)看,油田总体上适合水平井开发,但落实到每个井组或局部区域是否适合水平井开发,必须考虑具体的储层性质(如油层展布、油砂体规模、含油性),还需考虑压裂及补充能量的可行性做出技术经济评价,才能综合做出判断。

2. 水平井适应性细筛选的程序

有关油（气）藏类型及油藏参数范围可作为水平井适应性的粗筛选标准，通过了粗筛选的油气藏并不足以说明适应于钻水平井，需要进一步做技术和经济方面的综合评价，这个步骤称为细筛选。水平井适用性的细筛选不是以一口水平井与一口直井做比较，而是从油气藏总体考虑，当整体用水平井开发，水平井可少打井，这样评价，钻水平井就有可能是合算的，这样的油藏可作为筛选对象。

为实现这一筛选思路，首先需要做好油藏精细描述的研究工作，建立油田或水平井区三维精细地质模型；其次根据地质模型设计不同水平段形式及长度的水平井，应用油藏工程方法或数值模拟方法，计算水平井产量并与直井相比较；最后对各方案做出经济评价及决策。

二、水平井产能预测

关于水平井的产能公式很多，这里在 Joshi 公式[①]的基础上，进行了改进。Joshi 公式为：

$$q_h = \frac{2\pi h k \Delta p}{\mu_0 B \left[\ln \dfrac{a + \sqrt{a^2 - (0.5L)^2}}{0.5L} + \dfrac{h}{L} \ln \dfrac{h}{2r_w} \right]} \tag{6-1}$$

由于地层存在各向异性，用 $h(k_h/k_v)^{0.5}$ 代替 h，其中，$k_h = (k_x k_y)^{0.5}$ 为水平渗透率；k_h 为垂向渗透率，然后 $(k_h k_v)^{0.5}$ 代替 k，同时考虑启动压力梯度的影响，对 Joshi 公式进行了改写，即

$$q_h = \frac{2\pi h \sqrt{k_h/k_v} \sqrt{k_h k_v} (p_e - p_w - G(a - L/2))}{\mu_0 B \left[\ln \dfrac{a + \sqrt{a^2 - (0.5L)^2}}{0.5L} + \dfrac{h\sqrt{k_h/k_v}}{L} \ln \dfrac{h\sqrt{k_h/k_v}}{2\pi r_w} \right]} \tag{6-2}$$

化简整理得各向异性油藏水平井的产能公式为：

$$q_h = \frac{2\pi h k_h (p_e - p_{wf} - G(a - L/2))}{\mu_0 B \left[\ln \dfrac{a + \sqrt{a^2 - (0.5L)^2}}{0.5L} + \dfrac{h\sqrt{k_h/k_v}}{L} \ln \dfrac{h\sqrt{k_h/k_v}}{2\pi r_w} \right]} \tag{6-3}$$

式中：p_e ——地层平均压力，MPa；

a ——井距之半，m；

---

① Joshi SD 提出的水平井产能计算公式。

L——水平井水平段长,m。

三、厚度下限的确定

下面对某实际油田 H 区块进行分析,进而为合理开发该区块提供理论依据。已知地层垂深为 2250m,模拟计算中地层压力为 22.05MPa,井底流压为 4.8MPa,地层厚度为 4.6m,地层水平方向东西渗透率为 3.1mD,南北渗透率为 0.83mD,地层垂向渗透率为 0.083mD,地层孔隙度为 0.15,地层原始含油饱和度为 0.65。原油黏度为 1.84MPa·s,地层水黏度为 0.5MPa·s。

要求钻不同长度水平井,6 年内收回成本。设钻水平井单位长度所需费用为 6000 元,油田建设每口井所用地面费用为 180 万元,当每吨原油价格为 2400 元,生产每吨原油所需费用为 500 元。计算考虑启动压力梯度与不考虑启动压力梯度时,不同地层流体流度下钻水平井收回成本所需厚度最小值。

图 6-1[①] 和图 6-2 分别绘出了不考虑启动压力梯度(图 6-1)与考虑启动

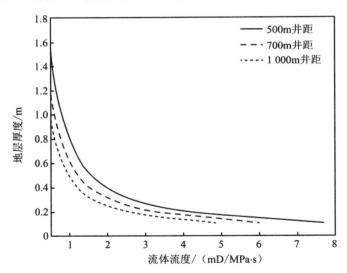

图 6-1 200m 间距下不同水平段长所需地层流体流度
与地层厚度关系(不考虑启动压力梯度)

---

① 本节图表均引自朱维耀.薄互层低渗透油藏压裂开发渗流理论与技术[M].北京:科学出版社,2016:215—278.

压力梯度(图 6-2)时钻取不同水平段长 300m、500m、800m 的水平井,要求6 年收回成本条件下不同地层流体流度与所需地层厚度的关系。从图 6-1中可以看出,同一流度下,不考虑启动压力梯度时,水平段长 300m 的水平井所需地层厚度最大,为 1.1m,水平段越长所需地层厚度越小,而水平段越长所需厚度差别越小,500m 水平段长所需厚度为 0.82m,800m 的为0.54m;考虑启动压力梯度时,水平段长 300m 的水平井所需地层厚度最大,为 1.5m,水平段越长所需地层厚度越小,而水平段越长所需厚度差别越小,500m 水平段长所需厚度为 1.1m,800m 的为 0.75m。

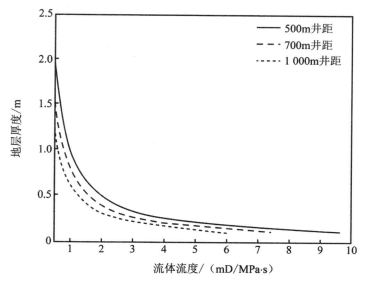

图 6-2　200m 间距下不同水平段长所需地层流体流度
与地层厚度关系(考虑启动压力梯度)

随着间距的增加,相同水平段长度的水平井在相同流度下为了收回成本,所需地层最小厚度增加。相应地,考虑启动压力梯度时要收回成本所需地层厚度大于不考虑启动压力梯度时所需的厚度,如图 6-3 所示。

H 区块的储层相关参数,见表 6-2。

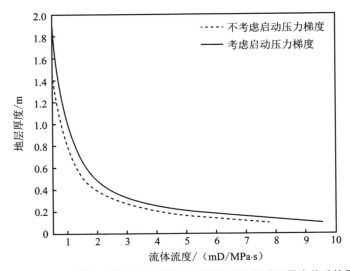

图 6-3 启动压力梯度对收回成本所需地层流体流动与地层厚度关系的影响

表 6-2 H 区块的储层及流体相关参数表

平均地层压力/MPa		22.05
井底流压/MPa		4.8
水平渗透率/mD	东西向	3.1
	南北向	0.83
垂向渗透率/mD		0.083
平均孔隙度		0.15
地层原油黏度/(MPa·s)		1.84

　　不同井网参数的计限厚度计算列于表 6-3。经计算不考虑启动压力梯度的界限厚度的上限为 1.1m。考虑启动压力梯度的界限厚度上限为 1.56m。

表 6-3 极限厚度计算结果表（单位：m）

水平段长	间距	井距	不考虑启动压力梯度	考虑启动压力梯度	厚度增加
300		500	1.10	1.50	0.40
500	200	700	0.76	1.10	0.34
800		1000	0.54	0.75	0.21

续表

水平段长	间距	井距	不考虑启动压力梯度	考虑启动压力梯度	厚度增加
300	250	550	1.02	1.34	0.32
500		750	0.78	1.06	0.28
800		1050	0.64	0.83	0.19
300	300	600	1.09	1.56	0.47
500		800	0.86	1.22	0.36
800		1100	0.68	0.96	0.28

10号小层砂层厚度大于1.56米的界限厚度的储层占整个储层的92.3%，适宜于水平井开发。

第二节 仿水平井压裂优化开发技术

随着油田勘探程度的进一步深入和油层改造技术的不断提高，薄互层低渗透油藏发现的数量及规模不断扩大，其投入开发的储量所占比例越来越大。由于薄互层低渗透油藏具有启动压力梯度高和介质变形的特点，在开发过程中存在渗流阻力增大、吸水能力差、产量递减快、注采矛盾日益严重等问题，薄互层低渗透油藏储量动用困难。改善渗流环境、提高低品位储量的动用程度是成功开发薄互层低渗透油藏的关键。就薄互层储层特点提出了仿水平井[①]压裂开发方法。

仿水平井注水开发技术主要针对薄互层低渗透油藏，是将直井压裂完井与层系井网设计相集成的开发技术。该技术通过高砂量、压多层、长缝，增大泄油面积和导流能力，以提高单井产能和注水能力，突破注采瓶颈；通过裂缝与井网的最佳组合，建立有效的驱替，实现少井高效注水开发，突破效益门槛。

---

① 仿水平井，像水平井，但不是水平井，它是油藏工程和工艺技术的有机结合，是开发理念的转变。

一、仿水平井压裂技术的特点

第一，优化射孔技术，实现造长缝的目的。区块主要以斜井为主，斜度在 15°～32.4°，为保证主裂缝的有效延伸，通过压裂软件的优化模拟，射孔为 2～4m，且采用多相（60°）、油管输送射孔方式，用 102 枪、127 射孔弹，孔密 16 孔/m。

第二，大排量施工，防止砂堵。为防止因多裂缝造成滤失大、容易砂堵的情况，确保施工成功及缝长，实施大排量施工（5.5～6/min），并提高前置液的用量，适当降低砂比等措置来防止砂堵。

第三，泵注低砂比段塞，减小井筒效应。泵注一个 25 的段塞，携带 230/60 目卡博陶粒，加入少量交联剂，以达到减少井筒弯曲效应，疏通液流通道。

第四，优选 Viking-D 优质压裂液。Viking-D 压裂液为近年来开发的一种新型低聚合物浓度的压裂液体系，它由聚合物、缓冲剂、交联剂和破胶剂组成。该压裂液体系的特点包括：首先，压裂液具有低聚合物浓度，交联后却比常规羟丙基瓜胶交联冻胶黏度高，能形成较理想的裂缝长度；其次，成本较表面活性剂压裂液低；最后，降低聚合物用量，减少了压裂液残渣与伤害，返排更好。

二、仿水平井压裂技术的模拟计算

以 F 某块实际井区为例，研究仿水平井压裂技术的模拟计算。

F 某块面积 $39km^2$，目前新建产能含油层系沙三下沙层组为浊积岩油藏，油藏埋深 2800～2900m，探明含油面积 $7.6km^2$、石油地质储量 $353×10^4t$。平均孔隙度 16%、平均渗透率 $10×10^{-3}\mu m^2$，油藏普遍高压异常，压力系数为 1.43～1.56，原油密度 $0.8493g/cm^3$，地面原油黏度为 $10.7mPa \cdot s$，平均地层温度梯度 4.5℃/100m，属于高温高压、低孔低渗油藏。

由于 F 某块沙三下含油层系储量规模小、丰度低、油层薄而集中，所以方案采用 500m×180m 矩形井网，井网密度为 8.8 口/km^2，油井单井控制地质储量 $7.1×10^4t$，主要通过大规模压裂方式提高储量控制程度和开发效果。

对 F 某块某井组分析压裂裂缝参数对产量的影响,模拟初始条件为:束缚水饱和度为 0.4453,残余油饱和度为 0.2467,最大含水饱和度为 0.75,最大含油饱和度为 0.5547;生产井井底流压为 25.8MPa;垂直井压裂裂缝半长 200m;初始压裂宽度为 0.003m,裂缝渗透率为 $50\mu m^2$,裂缝导流能力为 15D·cm;最大主应力方向为 NE68°。

(一)裂缝半长

图 6-4 为压裂裂缝的缝长对产量的影响,在无限大地层中,缝长对产量的变化有重要影响。但较长的裂缝产量的递减比较明显,而较短的裂缝产量递减缓慢些。较短的裂缝形成的椭圆边界较小,在相同的裂缝导流能力下,短裂缝内的流体很快流入井内,而基质内的流体不能很快进入裂缝补充,致使进入井内的流体主要由基质提供,故而其产量的变化相对平缓。

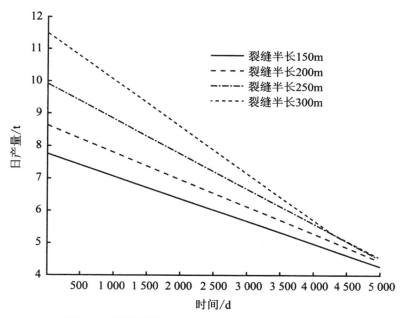

图 6-4 不同裂缝长度条件下产量随时间变化关系曲线

(二)裂缝导流能力

图 6-5 为其他基本条件不变的情况下,随着水力压裂裂缝导流能力的增加,流体在水力压裂裂缝内流动所受到的阻力减小。图 6-5 是垂直井水

力压裂裂缝导流能力从 10D·cm 变化到 25D·cm 时产量随时间的变化关系。从图 6-5 中可以看出,随着水力压裂裂缝导流能力的增加,油井产量增高,导流能力从 10D·cm 增加到 15D·cm 时,油井产量增加较大,随着导流能力的继续增加,油井产量增加幅度减少。压裂裂缝导流能力大的产量随时间的降低程度比导流能力低的递减速度快。

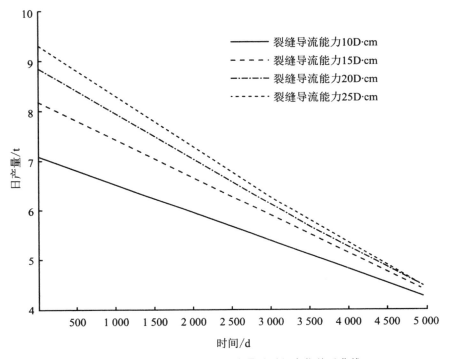

图 6-5　不同裂缝导流能力下产量随时间变化关系曲线

(三)原油黏度

图 6-6 为原油黏度对产量变化的影响,由图可知,原油黏度越大,油水流度比增加,油井产量越小,但黏度越大,产量的递减越小。

(四)油层厚度

图 6-7 为油层厚度对产量的影响,由图可知,厚度对产量具有强烈的影响,随着油层厚度的增加,油井产量增大。但较厚的油层,其产量的递减较为明显,而薄油层,其产量递减相对缓慢。

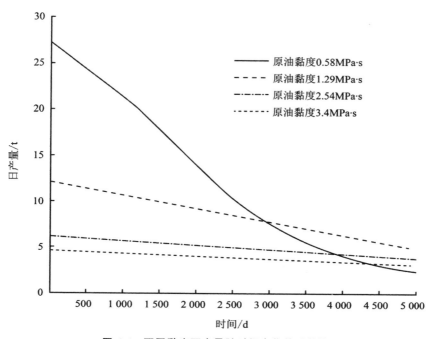

图 6-6 不同黏度下产量随时间变化关系曲线

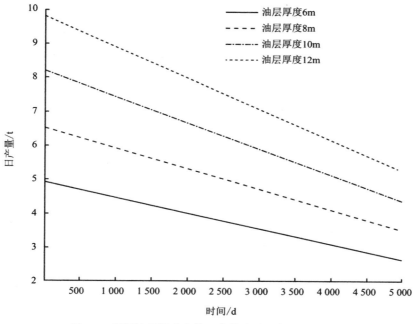

图 6-7 不同油层厚度条件下产量随时间变化关系曲线

（五）生产压差

图 6-8 为生产压差对产量的影响,由图可知,生产压差对油井产量影响明显。随着垂直压裂井生产压差的增加,流体渗流驱动力增加,油井产量增大。生产压差越大,油井产量递减速率越大。

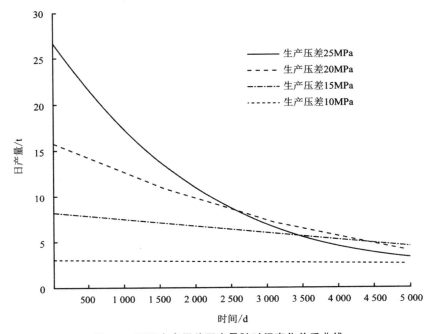

图 6-8　不同生产压差下产量随时间变化关系曲线

（六）储层渗透率

图 6-9 为不同储层渗透率下产量随时间变化关系曲线,由图可知,随着储层渗透率的增加,流体渗流阻力减少,油井产量增大;渗透率越大,阻力越小,产量增加幅度减小,但油井产量递减速率越大。

（七）启动压力梯度

图 6-10 为地层启动压力梯度对产量的影响,由图可知,启动压力梯度的存在增加了流体流动的阻力。启动压力梯度越大,流体渗流阻力越大。随着地层启动压力梯度的减小,油井产量增加。启动压力梯度越小,油井产量递减速率增加。

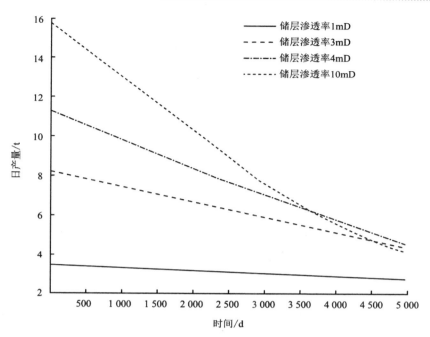

图 6-9 不同储层渗透率下产量随时间变化关系曲线

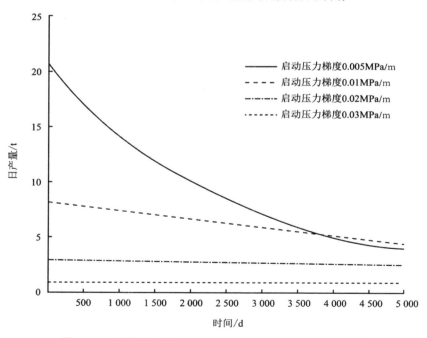

图 6-10 不同储层启动压力梯度下产量随时间变化关系曲线

第三节　薄互层井网压裂优化开发技术

下面以胜利油田薄互层低渗透油藏为例,探讨薄互层井网压裂优化开发技术。

一、薄互层分层适配井网压裂

胜利油田薄互层低渗透油藏主要有浊积岩、滩坝砂、砂砾岩三种类型,三种油藏油层分布类型差别非常大,而分层压裂技术目前也有机械分层压裂技术、投球分层压裂技术、不动管柱水力喷射、连续油管水力喷射、泵送桥塞分段压裂技术等多种。通过对比油藏特点和分段工艺特点,结合油层分布和应力分布情况研究,形成分层适配井网压裂选择标准。

(一)直井分层压裂技术

1. 机械分层压裂技术

机械分层工艺主要是指采用一趟管柱、封隔器滑套分层的压裂技术,是国内 4 层以内的主体分层压裂技术。机械分层压裂管柱主要由水力锚、封隔器(常用 Y221、Y211、Y341、K344 封隔器)、滑套喷砂器等工具组成。

机械分层压裂技术的优势是:不动管柱、不压井、不放喷,一次施工分压 2～4 层,操作简单,节约作业时间和费用,可以实现大跨度的多层的一次施工分别压裂。其缺点是对井筒质量及工具质量要求较高,要求套管质量及固井质量良好,封隔器坐封井段的套管无缩径、无变形,多种大尺寸工具在井下,压裂后有砂卡管柱的风险,特别是对于分两层以上的井。另外对于油层距离和隔层应力也有要求,两层间必须有足够的距离放置机械分层工具,层段间隔层应力应当能够阻止裂缝沟通,一旦裂缝沟通上下压裂层段,则会影响压裂效果,严重的甚至会造成砂卡。

2. 投球分层压裂技术

投球分层压裂是将所有压裂目的层一次射开,利用各层间破裂压力不同,首先压开破裂压力较低的层段进行加砂,其次在注顶替液时投入堵塞球,将其射孔孔眼暂时堵塞,最后提高压力,压开破裂压力较高的层段。也可利用各层渗透性的差异,在泵注的适当时机泵入堵塞球,改变液体进入产层的分配状况,在渗透性较差的层段建立起压力,直至破裂。如此反复进行,直到更多的层段被压开。

投球分层裂压技术的特点是井下管柱简单、施工安全、省时省力、成本低;适用于固井质量差、无法利用工具分隔的井;缺点是封堵效果、能否分开很难判断。根据投球压裂的工艺特点,理论上跨度较大或层间应力差异较大时可采用投球压裂。

3. 水力喷射分层压裂技术

水力喷射压裂是集水力射孔、压裂、隔离一体化的技术,具有自动封隔、定点压裂、准确造缝、对排量要求低的优势,采用喷砂射孔-压裂联作方式,利用高压水射流形成的井筒与射孔孔眼间压差实现井筒内动态封隔,一次管柱进行多层分段改造。

水力喷射分层压裂工艺的特点及优势是:不用封隔器及桥塞等隔离工具,施工风险小,一次管柱可进行多段压裂,缩短施工周期,适应范围广,可用于裸眼、套管、筛管等,定点压裂,缝高控制较好,适用于控缝高的储层;缺点是对喷嘴的耐磨性及套管的抗压强度要求高、加砂规模受限制。目前,发展了与连续油管结合,喷砂射孔,环空压裂,可以实现更多段、更大规模的改造。

4. 桥塞分层技术

电缆桥塞+射孔联作分层压裂技术是一种通过电缆下入射孔枪和桥塞,实现桥塞坐封、射孔联作,并自下而上逐级封隔、射孔、压裂的工艺,压后桥塞可以很容易地钻掉。桥塞分层技术可多簇射孔,大排量施工,更易形成网状裂缝,分段层数、施工规模不受限制。在直井应用可省去泵送环节,依靠重力将桥塞和射孔枪放置到指定位置,施工更简单,最小分层间距可达5m,实现精细分层。压裂两段间隔一般需3~5h,多口井交替施工,还可节约大量时间,根据井深和加砂规模不同,每天可施工6~8段,并且随着分层数的增多,成本逐渐下降。但该技术采用套管压裂,对套管抗压和固井质量要求较高,需要在完井设计时就有所考虑。

桥塞+电缆射孔联作分段压裂技术的工艺特点是:电缆下入射孔枪、水力泵送桥塞,施工方便快捷;可多簇射孔,更易形成网状裂缝,提高储层改造效果;套管压裂,施工规模大,排量、加砂量不受限;理论上可进行无限级压裂;工具可钻,钻后保持全通径,为后期作业创造便利条件。该压裂工艺适用于套管固井完井的直井、水平井;适应井深范围广,浅井、中深井、深井都可用;适用于从 ϕ73mm 至 ϕ339.7mm 的井眼,桥塞耐温可达 177℃。

(二)薄互层分层压裂设计的参数优化

分层压裂针对的是跨度大、油层多或油层厚的储层,很多井即使采用了分层压裂,有的分层间仍然跨度较大,油层较多,改造还是不够均衡,并且受多裂缝影响,施工风险大,为了满足均衡改造的需要和分层工具对施工参数的要求,需要开展分层压裂设计参数优化研究。下面主要针对薄互层开展设计参数优化。

薄互层的特点是油层多、薄、跨度大,如 B 某块压裂目的层纵向上呈现跨度大(最大达 200 多米)、层薄层多(最多达到 14 层)、泥质含量高,各小层物性差异大、隔层和油层应力差异大等特性,造成目的层改造动用不均衡,采用分层压裂一次性全部压开每个储层,极易因射孔跨度大、射孔簇数多等造成施工中产生裂缝多、滤失大等情况,施工砂堵风险大。

1.射孔位置优化

薄互层层间距离小且跨度大,采用常规射孔一方面因为很多井无法找到合适的放置机械封隔器的位置,另一方面油层跨度大,目前以斜井居多,容易产生多裂缝,滤失增大,施工难度大。为了解决这两个方面的问题,开展了射孔位置优化。

射孔位置优化的主要做法是根据各油层位置、厚度、物性和计算的纵向应力剖面合理确定分段的位置与射孔井段。通过 gohfer 软件模拟裂缝延伸形态进行优化射孔,力求做到抓住主要层段,减少射孔簇数,控制多条裂缝同时起裂和延伸,必要时放弃一些层段,确保分层合理性和改造的效果。

B9-S9 井本次压裂段为 2820.6 ～ 2948.4m,共 13 层/47m,跨度 127.8m。该井跨度大,各层间距离小,无较好的遮挡层,结合各层物性等情况采取以下措施:

(1)通过射孔优化抓住主要层段,减少射孔簇数,控制多条裂缝同时起裂和延伸。

5、6、10 号层泥质含量高达 4.0%～50%,物性差,且处于目的层最上部,为保证下面主力层的改造,本次避射,之后若有必要,可重新射开压裂。

(2)通过射孔优化预留封隔器位置,采用机械分两层压裂。

下部 11～20 号层间距离均较小,无法放置封隔器,通过储层应力分析和对比,14 和 15 号层间距离稍大,并且有一个较高的应力层,14 号层物性较差,因此避射 14 号层,在 13 和 15 号层间放置封隔器。对 11～13 号层(18.1m/3 层,跨度 26.3m)及 15～20 号层(14m/6 层,跨度 36.6m),实施机械分两层压裂。

(3)斜井压裂减少射孔段,减少射孔簇数,控制多条裂缝同时起裂和延伸。

2. 射孔密度优化

大跨度、薄互层压裂容易出现顶部层和底部层改造不均衡的现象,物性差异则会加重这一现象。

B9-S9 井下层 15～20 号层(14m/6 层,跨度 36.6m),采用常规射孔,裂缝长度极不均衡,上层缝长达到 110m,已经超过油藏要求的 80～90m 缝长,而最下面层缝长仅 40m。

为了解决这一问题,对射孔密度进行了优化,对上部 15、16 号层控制孔眼数,起到一定的限流作用,促使液体向下部层转移。采用的射孔参数是 15、16 号层孔密 10 孔/m,其他层 16 孔/m。优化后,隔层改造均衡程度明显改善。

3. 施工参数优化

B 某块层多层薄,压裂过程中多裂缝起裂,多裂缝同时延伸,会导致滤失大,裂缝宽度有限。因此采用变排量施工,减少多裂缝的产生,增大前置液比例至 50%～60%,确保造缝充分;提高施工排量,增大裂缝宽度,采用 30/50 目小陶粒加砂,降低砂堵风险。

薄互层、斜井、大跨度压裂,应采用中低砂比、延长低砂比加砂时间的加砂程序,建议平均砂比为 20%。

二、薄互层井网形式与压裂系统优化组合

合理地布置注采井网对于油田开发来说是一个十分重要的问题。薄互层低渗透油藏油层传导能力差,生产能力低,行列注水方式(两排注水井中

间夹 3 排以上生产井)主水井与中间排生产井距离偏大,一般不太适应,大多数常规(无裂缝的)薄互层低渗透油田都采用面积注水方式。由于薄互层低渗透油藏的吸水能力特别低,所以要采用注水强度大的面积注水井网,同时按照以往低渗透油田开发的实践经验,井网优化的一般模式选取菱形反九点井网、五点法井网、正反九点井网、矩形井网四种井网进行对比研究。

(一)五点法压裂井网产能数学模型

采油井排与注水井排相间排列,由相邻四口注水井构成的正方形中心为一口采油井,或由相邻四口采油井构成的正方形中心为一口注水井。这种注水方式为五点法注水。每口注水井与周围四口采油井相关,每口采油井受四口注水井影响,其注采井数比为 1：1。

在任意井距的情况下,五点井网形式下压裂井的流动区域可简化为如下的任意三角形,如图 6-11 所示。

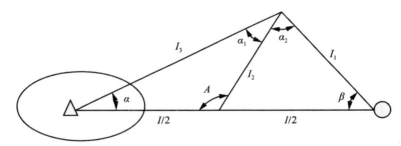

图 6-11　低渗透压裂五点井网的三角形单元示意图

由薄互层混合井网压裂非线性渗流数学模型的推导可知,此种情况下地层中的流动主要有以下三部分:

1. 裂缝中高速非线性渗流

裂缝中的流速表达式为:

$$v = \frac{Q}{2w_f h} \qquad (6\text{-}4)$$

压裂裂缝中的高速非线性渗流模型可简化为一维的情况,即

$$-\frac{\mathrm{d}p}{\mathrm{d}x} = \frac{\mu}{k}v + \beta\rho v^2 \qquad (6\text{-}5)$$

对式(6-5)在 0 到 x_f 积分可得:

$$p_{\mathrm{wf}_1} - p_{\mathrm{wf}} = \frac{\mu}{k_{\mathrm{f}}} \frac{Q x_{\mathrm{f}}}{2 w_{\mathrm{r}} h} + \beta \rho \left[\frac{Q}{2 w_{\mathrm{r}} h}\right]^2 \frac{x_{\mathrm{f}}}{2} \qquad (6\text{-}6)$$

2. 人工压裂裂缝控制范围内的椭圆渗流

裂缝井采油时,诱发地层中的平面二维椭圆渗流,形成以裂缝端点为焦点的共轭等压椭圆和双曲线流线族,对于低渗透油藏,广义达西公式在椭圆坐标中可表示为:

$$v = \frac{QB}{4 x_{\mathrm{f}} h c h \xi} = \frac{k}{\mu}\left(\frac{\partial p}{\partial r} - G\right) \qquad (6\text{-}7)$$

对式(6-7)从(ξ_0, p_0)到(ξ, p)进行积分,得到的稳态生产压差为:

$$p_{\mathrm{r}} - p_{\mathrm{w1}} = \frac{\mu B Q}{2 \pi k h}(\xi - \xi_0) + \frac{2 x_{\mathrm{f}} G}{\pi}(sh\xi - sh\xi_0) \qquad (6\text{-}8)$$

3. 靠近注水井油层中的流动为径向定常渗流

此处流体的流动为低速非达西渗流,此时径向定常渗流的数学表达式为:

$$v = \frac{QB}{2 \pi r h} = \frac{k}{\mu}\left(\frac{\partial p}{\partial r} - G\right) \qquad (6\text{-}9)$$

对式(6-9)从$(r, l - r_{\mathrm{w}})$进行积分,得到的裂缝控制范围外油层中的稳态生产压差为:

$$p_{\mathrm{w}} - p_{\mathrm{r}} = \frac{\mu B Q}{2 \pi k h}\ln\left(\frac{l - r_{\mathrm{w}}}{r}\right) + G(l - r - r_{\mathrm{w}}) \qquad (6\text{-}10)$$

因为流体在两种流动的交界处压力相等,裂缝内的流动和裂缝外的流动相加即得此时的总流量;由式(6-6)、式(6-8)以及式(6-10)联立可得:

$$p_0 + \frac{\mu B Q}{2 \pi k h}(\xi - \xi_0) + \frac{2 x_{\mathrm{f}} G}{\pi}(sh\xi - sh\xi_0) + \frac{\mu}{k_{\mathrm{f}}} \frac{x_{\mathrm{f}} Q}{2 w_{\mathrm{r}} h} + \beta \rho \left[\frac{Q}{2 w_{\mathrm{f}} h}\right]^2 x_{\mathrm{f}}$$
$$= p_{\mathrm{w}} - \frac{\mu B Q}{2 \pi k h}\ln\left(\frac{r}{r_{\mathrm{w}}}\right) - G(r - r_{\mathrm{w}}) \qquad (6\text{-}11)$$

式(6-11)即为低渗透油层中五点注水井网油井压裂情况下产能与压力的关系表达式。式(6-11)是关于产量的一个二次多项式。由二次多项式解的求解公式可得:

$$Q = \frac{-b + \sqrt{b^2 - 4ac}}{2a} \qquad (6\text{-}12)$$

$$a = \beta \rho \frac{x_{\mathrm{f}}}{(2 w_{\mathrm{f}} h)^2} \qquad (6\text{-}13)$$

$$b = \frac{\mu B}{2\pi kh}\left(\xi - \xi_0 + \ln\left(\frac{r}{r_w}\right)\right) \qquad (6\text{-}14)$$

$$c = -\left(p_w - p_0 - \frac{2x_f G}{\pi}(sh\xi - sh\xi_0) - G(l - r - r_w)\right) \qquad (6\text{-}15)$$

根据流场相似叠加原理,可得五点井网在低渗透油层的产能公式为:

$$Q_总 = 8Q \qquad (6\text{-}16)$$

(二)正反九点法压裂井网数学模型

按正方形井网布置的相邻两排采油井之间为一排采油井与一排注水井相间的井排。这种注水方式叫作反九点注水。每口注水井与 8 口采油井相关,每口采油井受两口注水井影响,其注采井数比为 1∶3。

对反九点井网的产能分析,可分为角井和边井两种情况。反九点井网边井的示意图如图 6-12 所示。

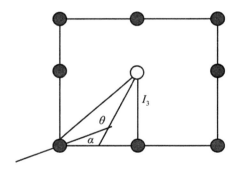

图 6-12　规则九点井网边井压裂示意图

1. 反九点井网中边井的产量公式推导

对于规则反九点井网,由于几何对称性,我们只需研究井网单元中的一个代表性的三角形区域。根据注采井网的相似性,对规则反九点井网的渗流规律可以提取三口井作为研究对象,如图 6-13 所示。

在此种情况下,油井位于两口注水井中间。流动单元可分为相似的四个三角形,每一个三角形都符合上述的渗流规律。

对其中的任意一个三角形,其渗流规律与五点井网的渗流规律相似,依据上述推导方法可知其裂缝内的产量与压力的表达式可表示为:

$$p_{wf_l} - p_{wf} = \frac{\mu}{k_f}\frac{qx_f}{2w_f h} + \beta\rho\left[\frac{q}{w_f h}\right]^2\frac{x_f}{2} \qquad (6\text{-}17)$$

裂缝井采油时,诱发地层中的平面二维椭圆渗流,因此裂缝控制范围内的生产压差与流量的关系表达式为:

$$p_r - p_{wf_l} = \frac{\mu B Q}{2\pi kh}(\xi - \xi_0) + \frac{2x_r G}{\pi}(sh\xi - sh\xi_0) \tag{6-18}$$

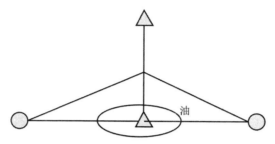

图 6-13　低渗透压裂九点井网边井三角形单元示意图

靠近注水井的油层中的流动为径向定常渗流;此处流体的流动为低速非达西渗流。

依据流体流动在流动的交界处压力相等,由式(6-17)和式(6-18)可得:

$$p_0 + \frac{\mu B Q}{2\pi kh}(\xi - \xi_0) + \frac{2x_f G}{\pi}(sh\xi - sh\xi_0) + \frac{\mu}{k_f}\frac{Q x_f}{2w_f h} + \beta\rho\left[\frac{Q}{2w_f h}\right]^2 \frac{x_f}{2}$$

$$= p_w - \frac{Q\mu}{kh\tan\theta_2}\ln\frac{L - r_w}{r} + G(L - r_w - r) \tag{6-19}$$

式(6-19)即为低渗透油层中反九点注水井网边井压裂情况下产能与压力的关系表达式。式(6-19)是关于产量的一个二次多项式,由二次多项式解的求解公式可得:

$$Q = \frac{-b + \sqrt{b^2 - 4ac}}{2a} \tag{6-20}$$

$$a = \beta\rho\frac{x_f}{(2w_f h)^2} \tag{6-21}$$

$$b = \frac{\mu B}{2\pi kh}\left(\xi - \xi_0 + 2\pi\ln\left(\frac{L - r}{r_w}\right)\right) \tag{6-22}$$

$$c = -\left(p_w - p_0 - \frac{2x_f G}{\pi}(sh\xi - sh\xi_0) - G(l - r - r_w)\right) \tag{6-23}$$

根据流场相似叠加原理,可得反九点井网中边井在低渗透油层的产能公式有:

$$Q_{\text{总}} = 4Q \tag{6-24}$$

2.反九点井网中角井的产量公式推导

同理,反九点井网中角井的流动单元可以划分为不规则的三角形单元,在任意井距的情况下,井网的简化为任意三角形,此时的扫油面积为:

$$A(x) = th = \frac{2hl_3x}{l} \tag{6-25}$$

依据任意井距情况下的五点井网的推导方法,可得其产量与压力的表达式为:

$$p_w - p_r = \frac{qul}{2khl_3}\ln\frac{l-2r_w}{r} + G(l - r_w - r) \tag{6-26}$$

裂缝井采油时,诱发地层中的平面二维椭圆渗流,因此裂缝控制范围内的生产压差与流量的关系表达式为:

$$p_r - p_{wf_l} = \frac{\mu BQ}{2\pi kh}(\xi - \xi_0) + \frac{2x_fG}{\pi}(sh\xi - sh\xi_0) \tag{6-27}$$

裂缝内的产量与压力的表达式可表示为:

$$p_{wf_l} - p_0 = \frac{\mu}{k_f}\frac{Qx_f}{2w_fh} + \beta\rho\left[\frac{Q}{2w_fh}\right]^2\frac{x_f}{2} \tag{6-28}$$

流体在两种流动的交界处压力相等,由式(6-25)~式(6-28)联立可得:

$$p_0 + \frac{\mu BQ}{2\pi kh}(\xi - \xi_0) + \frac{2x_fG}{\pi}(sh - sh\xi_0) + \frac{\mu}{k_f}\frac{Qx_f}{2w_fh} + \beta\rho\left[\frac{Q}{2w_fh}\right]^2\frac{x_f}{2}$$

$$= p_w - \frac{Q\mu l}{4khl_3}\ln\frac{l-r_w}{r} - G(l - r_w - r) \tag{6-29}$$

式(6-29)即为低渗透油层中反九点注水井网边井压裂情况下产能与压力的关系表达式。根据流场相似叠加原理,可得反九点井网中角井在低渗透油层的产能公式为:

$$Q_{总} = 8Q \tag{6-30}$$

(三)矩形井网压裂开发数学模型

矩形井网及模型单元示意图如图 6-14 所示。

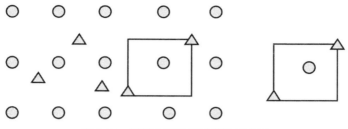

图 6-14　矩形井网及模型单元示意图

此种情况下地层中的流动主要有以下三部分：

1. 裂缝中高速非线性渗流

压裂裂缝中的高速非线性渗流模型可简化为一维的情况，即

$$-\frac{\mathrm{d}p}{\mathrm{d}x} = \frac{\mu}{k}v + \beta\rho v^2 \tag{6-31}$$

对式(6-31)在 0 到 x_f 积分可得：

$$p_{wf_l} - p_{wf} = \frac{\mu}{k_f}\frac{Qx_f}{2w_f h} + \beta\rho\left[\frac{Q}{2w_f h}\right]^2\frac{x_f}{2} \tag{6-32}$$

2. 人工压裂裂缝控制范围内的椭圆渗流

裂缝井采油时，诱发地层中的平面二维椭圆渗流，形成以裂缝端点为焦点的共轭等压椭圆和双曲线流线族，对于低渗透油藏，广义达西公式在椭圆坐标中可表示为：

$$v = \frac{QB}{4x_f hch\xi} = \frac{k}{\mu}\left(\frac{\partial p}{\partial r} - G\right) \tag{6-33}$$

对式(6-33)从 (ξ_0, p_0) 到 (ξ, p) 进行积分，得稳态生产压差为：

$$p_r - p_{wf_l} = \frac{\mu BQ}{2\pi kh}(\xi - \xi_0) + \frac{2x_f G}{\pi}(sh\xi - sh\xi_0) \tag{6-34}$$

3. 靠近注水井油层中的流动为径向定常渗流

此处流体的流动为低速非达西渗流，此时径向定常渗流的数学表达式为：

$$v = \frac{QB}{2\pi rh} = \frac{k}{\mu}\left(\frac{\partial p}{\partial r} - G\right) \tag{6-35}$$

对上述方程从 $(r, l - r_w)$ 进行积分，得裂缝控制范围外油层中的稳态

生产压差为：

$$p_w - p_r = \frac{\mu BQ}{2\pi kh} \ln\left(\frac{l - r_w}{r}\right) + G(l - r - r_w) \tag{6-36}$$

$$l = \frac{\sqrt{l_a^2 + l_b^2}}{2} \tag{6-37}$$

式中：

l_a、l_b——矩形井网的井距和排距，m。

因为流体在流动的交界处压力相等，裂缝内的流动和裂缝外的流动相加即得此时的总流量，由式(6-32)、式(6-34)及式(6-36)联立可得：

$$p_0 + \frac{\mu BQ}{2\pi kh}(\xi - \xi_0) + \frac{2x_f G}{\pi}(sh\xi - sh\xi_0) + \frac{\mu}{k_f}\frac{x_f Q}{2w_f h} + \beta\rho\left[\frac{Q}{2w_f h}\right]^2 x_f$$

$$= p_w - \frac{\mu BQ}{2\pi kh}\ln\left(\frac{r}{r_w}\right) - G(r - r_w) \tag{6-38}$$

式(6-38)即为低渗透油层中五点注水井网油井压裂情况下产能与压力的关系表达式。

（四）菱形反九点井网

菱形反九点井网及模型单元示意图如图 6-15 所示。

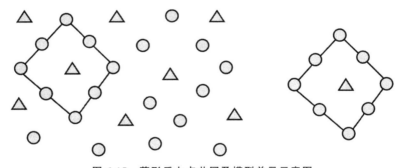

图 6-15　菱形反九点井网及模型单元示意图

对菱形反九点井网的产能分析，也可分为角井和边井两种情况。对于规则菱形反九点井网，由于几何对称性，我们只需研究井网单元中一个代表性的三角形区域。如果把该三角形区域内的流动弄清楚了，则整个流场问题就解决了。根据注采井网的相似性，对规则菱形反九点井网的渗流规律可以提取三口井作为研究对象。

在此种情况下，油井位于两口注水井中间。流动单元可分为相似的四个三角形,每一个三角形都符合上述的渗流规律。

1.菱形反九点井网中边井的产量公式推导

对其中的任意一个三角形,其渗流规律与五点井网的渗流规律相似,依据上述的推导方法可知其裂缝内的产量与压力的表达式可表示为:

$$p_{wf_l} - p_{wf} = \frac{\mu}{k_f} \frac{q x_f}{2 w_f h} + \beta \rho \left[\frac{q}{w_f} \right]^2 \frac{x_f}{2} \tag{6-39}$$

裂缝井采油时,诱发地层中的平面二维椭圆渗流,因此裂缝控制范围内的生产压差与流量的关系表达式为:

$$p_r - p_{wf_l} = \frac{\mu B Q}{2\pi K h}(\xi - \xi_0) + \frac{2 x_f G}{\pi}(sh\xi - sh\xi_0) \tag{6-40}$$

靠近注水件的油层中的流动为径向定常渗流;此处流体的流动为低速非达西渗流,由以上推导可知此时径向定常渗流的数学表达式为:

$$p_r - p_o = \frac{q \mu e}{K h \tan\theta_2} \ln \frac{l - 2 r_w}{r} + G(l - r_w - r) \tag{6-41}$$

$$l = \frac{\sqrt{l_a^2 + l_b^2}}{2} \tag{6-42}$$

依据流体流动在流动的交界处压力相等,由上述几式可得:

$$p_0 + \frac{\mu B Q}{2\pi k h}(\xi - \xi_0) + \frac{2 x_f G}{\pi}(sh\xi - sh\xi_0) + \frac{\mu}{k_r} \frac{Q x_f}{2 w_r h} + \beta \rho \left[\frac{Q}{2 w_f h} \right]^2 \frac{x_f}{2}$$

$$= p_w - \frac{Q \mu}{k h \tan\theta_2} \ln \frac{L - r_w}{r} + G(L - r_w - r) \tag{6-43}$$

式(6-43)即为低渗透油层中反九点注水井网边井压裂情况下产能与压力的关系表达式。根据流场相似叠加原理,可得反九点井网中边井在低渗透油层的产能公式为:

$$Q_{总} = 4Q \tag{6-44}$$

2.菱形反九点井网中资井的产量公式推导

同理,菱形反九点井网中角井的流动单元可以划分为不规则的三角形单元,在任意井距的情况下,井网的简化为任意三角形,此时的扫油面积为:

$$A(x) = th = \frac{2 h l_3 x}{l} \tag{6-45}$$

依据任意井距情况下的五点井网的推导方法,由此可得其产量与压力的表达式为:

$$p_{\rm w} - p_{\rm r} = \frac{q\mu l}{2khl_3}\ln\frac{l - 2r_{\rm w}}{r} + G(l - r_{\rm w} - r) \qquad (6\text{-}46)$$

裂缝井采油时,诱发地层中的平面二维椭圆渗流,因此裂缝控制范围内的生产压差与流量的关系表达式为:

$$p_{\rm r} - p_{\rm wf_l} = \frac{\mu BQ}{2\pi kh}(\xi - \xi_0) + \frac{2x_{\rm f}G}{\pi}(sh\xi - sh\xi_0) \qquad (6\text{-}47)$$

裂缝内产量与压力的表达式可表示为:

$$p_{\rm wf_l} - p_{\rm o} = \frac{\mu}{k_{\rm f}}\frac{Qx_{\rm f}}{2w_{\rm f}h} + \beta\rho\left[\frac{Q}{2w_{\rm f}h}\right]^2\frac{x_{\rm f}}{2} \qquad (6\text{-}48)$$

流体在两种流动的交界处压力相等,由式(6-45)~式(6-48)联立可得:

$$p_{\rm o} + \frac{\mu BQ}{2\pi kh}(\xi - \xi_0) + \frac{2x_{\rm f}G}{\pi}(sh\xi - sh\xi_0) + \frac{\mu}{k_{\rm f}}\frac{Qx_{\rm f}}{2w_{\rm f}h} + \beta\rho\left[\frac{Q}{2w_{\rm f}h}\right]^2\frac{x_{\rm f}}{2}$$

$$= p_{\rm w} - \frac{Qul}{4khl_3}\ln\frac{l - r_{\rm w}}{r} - G(l - r_{\rm w} - r) \qquad (6\text{-}49)$$

式(6-49)即为低渗透油层中菱形反九点注水井网角井压裂情况下产能与压力的关系表达式。

三、井网产能的影响因素分析

根据储层特性数据(表 6-4)及产能公式,对压裂井的影响因素进行分析。

表 6-4 基本参数

原油体积系数	1.13	油井井底压力/MPa	0.68
原油黏度/MPa·s	5.75	注水井井底压力/MPa	9.36
油层厚度/m	6.9	裂缝半长/m	100
渗透率/mD	0.87	泄油半径/m	156
启动压力梯度	0.215	井筒半径/m	0.1

(一)井距变化对产能的影响分析

图 6-16 是在其他基本条件不变的情况下,五点压裂开发井网的注采井距从 156m 变化到 216m 时产量的变化关系。从图 6-16 中可以看出随着注采井距的增加,产量逐渐降低。压裂裂缝方位对产量的影响在注采井距 156m 的幅度大于 216m 注采井距。压裂裂缝方位越大,对井距越低的油层

影响就越明显。

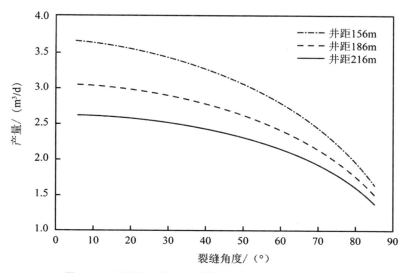

图 6-16 不同注采井距下裂缝方位与产量变化关系曲线

图 6-17 是在固定裂缝方位及其他基本条件不变的情况下,注采井距从 116m 变化到 156m 时产量的变化关系。从图 6-17 中可以看出随着注采井距的增加,产量增加的幅度越来越小。

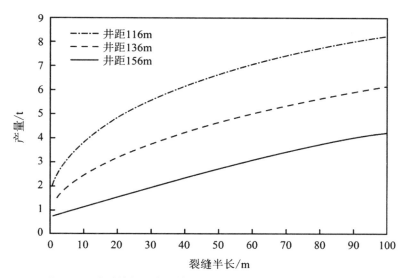

图 6-17 在裂缝长度变化情况下注采井距与产量变化关系曲线

（二）渗透率变化对产能的影响分析

图 6-18 是在其他基本条件不变的情况下,渗透率变化时产量与裂缝方位的变化关系。从图 6-18 中可以看出随着渗透率的递减,产量与裂缝方位曲线的变化幅度越来越小。

图 6-19 表示裂缝方向不变的情况下不同渗透率时裂缝半长与产量曲线,由图可知,渗透率越大,裂缝半长对产量的增加作用越明显。

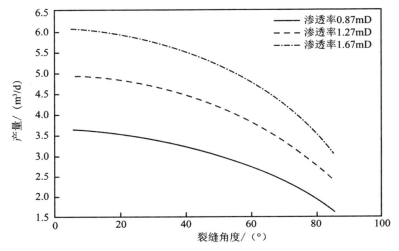

图 6-18　不同渗透率下裂缝方位与产量变化关系曲线

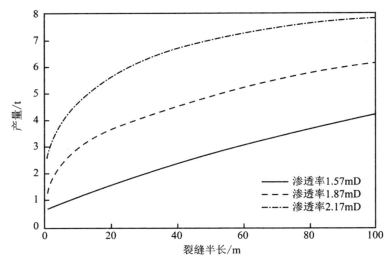

图 6-19　不同渗透率下裂缝半长与产量变化关系曲线

（三）压差变化对产能的影响分析

图 6-20 中压差分别为 8.68MPa、12.68MPa 和 16.68MPa 时裂缝长度不变的情况下产量与裂缝方位的关系。由图 6-20 可知,在压差较大时,裂缝方位对产量的影响明显。

图 6-21 是在其他基本条件不变的情况下,压差变化时产量的变化关系。从图 6-21 中可以看出随着压差的增加,产量递增的速率增大。

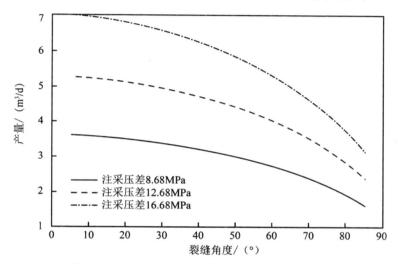

图 6-20　不同压差下裂缝方位与产量变化关系曲线

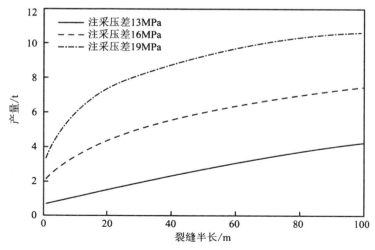

图 6-21　在裂缝长度变化情况下压差与产量变化关系曲线

（四）裂缝导流能力变化对产能的影响分析

图 6-22 是在其他基本条件不变的情况下，不同的裂缝导流能力下裂缝方位变化时产量的变化关系。从图 6-22 中可以看出随着裂缝方位的增加，产量降低的幅度越来越大。高导流能力对产量的增加效果明显。

图 6-23 是在裂缝方位不变的情况下，导流能力不同时，裂缝半长与产量的关系，由图可知在较高的裂缝导流能力时，裂缝半长对产量的影响最明显，二者几乎成直线关系。

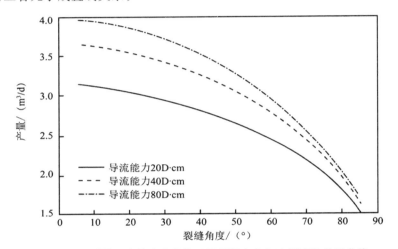

图 6-22　在裂缝导流能力变化情况下裂缝方位与产量变化关系曲线

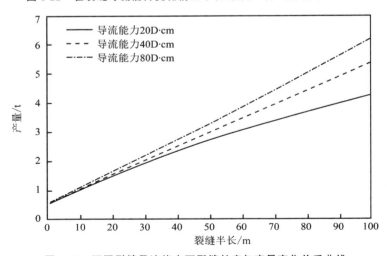

图 6-23　不同裂缝导流能力下裂缝长度与产量变化关系曲线

　　图 6-24 是在其他基本条件不变的情况下,不同的启动压力梯度下裂缝半长变化时产量的变化关系。从图 6-24 中可以看出随着裂缝长度的增加,产量增加的幅度越来越大,由此可知启动压力梯度对产量的变化效果明显。

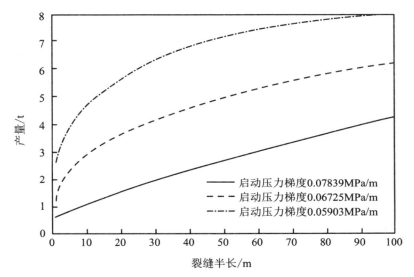

图 6-24　不同启动压力梯度下裂缝长度与产量变化关系曲线

参考文献

[1]朱维耀,王增林,李爱山,等.薄互层低渗透油藏压裂开发渗流理论与技术[M].北京:科学出版社,2016.

[2]朱维耀.薄互层低渗透油藏压裂开发渗流理论与技术[M].北京:科学出版社,2016.

[3]李道轩.薄互层低渗透油藏开发技术[M].东营:中国石油大学出版社,2007.

[4]孟楠楠.地应力测量方法及研究[D].包头:内蒙古科技大学,2015:9-13.

[5]于长娥.低渗透油田开发中的问题分析及对策探讨[J].中国化工贸易,2018,10(29):237.

[6]牛丽娟.压力敏感性对低渗透油藏弹性产能影响[J].科学技术与工程,2014,14(3):137-140.

[7]李绍杰.纯化油田薄互层低渗油藏径向水射流矿场实践[J].大庆石油地质与开发,2017,36(3):73-78.

[8]王志杰,青强,李春芹.薄互层特低渗透油藏大型压裂弹性开发研究[J].石油天然气学报,2006,28(1):115-117.

[9]姜慧.梁112块沙四段薄互层低渗透油藏水力压裂工艺优化[J].油气地质与采收率,2006,13(3):88-90.

[10]荣启宏,蒲玉国,李道轩,等.复杂断裂低渗透薄互层纯化油田开发模式[J].石油勘探与开发,2001,28(5):64-67.

[11]吕玮.薄互层低渗透油藏分层压裂管柱研究与应用[J].特种油气藏,2015(4):140-143.

[12]王文环.提高薄互层低渗透砂岩油藏采收率的有效开发技术[J].石油与天然气地质,2006,27(5):660-667,674.

[13]张敏,王文东,高辉,等.薄互层特低渗油藏联合井网与沉积相模式的适配性[J].新疆石油地质,2020,41(2):209-216.

[14]项琳娜,吴远坤,汪国辉,等.特低渗透薄互层油藏整体压裂开发技术[J].特种油气藏,2014(6):138-140.

[15]苏洋,闫伟林,苏致新.低渗透油田计算机划分储层厚度原理及实现过程[J].大庆石油地质与开发,2001,20(1):49—51.

[16]刘钦节,闫相祯,杨秀娟.分层地应力方法在薄互层低渗油藏大型压裂设计中的应用[J].石油钻采工艺,2009,31(4):83—88,93.

[17]卢修峰,邱敏,韩东,等.低渗透薄互层多级分压简捷工艺[J].石油钻采工艺,2011,33(3):113—115,118.

[18]牟中海,刘雪,常琳,等.薄互层型沉积体储层构型建模[J].西南石油大学学报(自然科学版),2020,42(3):1—12.

[19]武云云.薄互层层间干扰三维物理模拟实验研究[J].实验室研究与探索,2017,36(1):25—29.

[20]臧士宾,崔俊,郑永仙,等.柴达木盆地南翼山油田新近系油砂山组低渗微裂缝储集层特征及成因分析[J].古地理学报,2012,14(1):133—141.

[21]刘长宇,丛立春,龙增伟,等.低渗裂缝性薄层储层改造技术研究[J].钻采工艺,2008,31(5):73—75.

[22]杜现飞,张翔,唐梅荣,等.薄互层定点多级脉冲式压裂技术研究[J].钻采工艺,2018,41(1):65—68.

[23]唐海军,钱家煌,呆春,等.江苏油田低渗透敏感性油藏压裂工艺技术[J].钻采工艺,2004,27(4):33—34,46.

[24]林庆祥.海拉尔油田复杂储层压裂改造技术[J].大庆石油地质与开发,2012,31(4):103—106.

[25]张宗林,汪关锋,晏宁平,等.低渗透气藏压力系统划分技术[J].天然气工业,2007,27(5):104—105.

[26]束青林,郭迎春,孙志刚,等.特低渗透油藏渗流机理研究及应用[J].油气地质与采收率,2016,23(5):58—64.

[27]孙宝佃,成志刚,宋子齐,等.特低渗透储层有利沉积微相带测井精细评价[J].测井技术,2011,35(z1):652—656.

[28]王大兴,赵玉华,王永刚,等.苏里格气田低渗透砂岩岩性气藏多波地震勘探技术[J].中国石油勘探,2015,20(2):59—67.

[29]赵淑霞,于红军.滩坝砂特低渗透油藏经济动用技术研究与实践[J].油气地质与采收率,2009,16(2):96—98.

[30]王宝,唐启银,张虎,等.柴达木盆地 H 区路乐河组低渗透油藏油水互驱微观实验研究[J].中国矿业,2020,29(8):172—177.

[31]付志方,陈志海,高君,等.PCO低渗透砂岩油藏裂缝特征综合描述[J].大庆石油地质与开发,2017,36(2):129—134.

[32]刘宝柱,魏志平,唐振兴.大情字井地区低孔、低渗型岩性油藏成因探讨[J].特种油气藏,2004,11(1):24—27.